ABREGE DE L'ASTRONOMIE INFERIEVRE DES SEPT METAVX.

Expliquant exactement L'HARMONIE des *Systemes* de ces SEPT *Planetes* ensemble des douze *Signes* du *Zodiac* & autres Constellations du CIEL des Philosophes HERMETIQVES.

Auec vn essay de L'ASTRONOMIE Naturele Superieure.

Concernant aussi l'HARMONIE des SEPT PLANETES des douze SIGNES du ZODIAC, & autres Constellations Superieures.

Dedié à Monseigneur le CHANCELIER.

Par J. D. Bonneau.

A PARIS,

Chez I. DE SENLECQVE, en l'HOSTEL de Bauieres proche la porte de Sainct Marcel

ET

Chez IEAN REMY, ruë Sainct Iacques proche le College du Plessis & du Marmontier.

OV AV PALAIS.

Chez I. HENAVLT dans la Salle Daûphine à l'Ange Gardien.

M. DC. XLV.
AVEC PRIVILEGE DV ROY.

PREFACE

Evx qui ont donné à l'homme le nom de Microcofme, pour les nombreux rapports qu'il a auec le grand monde, ont negligé la plus fenfible de toutes les reffemblances, &. s'arrétant fimplement au corps, comme animal, n'ont pas bien remarqué ce qui s'accomode à l'efprit. S'ils auoient bien obferué la merueille de la difference des fubftances fi admirable aux creatures, & la difference des opinions, fi étrangement diuerfes en l'hommé ; ils auroient trouué vn jufte parallele, & conneu que l'adorable difference des efpeces fenfibles de toutes les chofes de la nature ; qui les diftingue les vnes des autres, trouue vne parfaite image dans la bizarerie des fentiments de l'hommé ; qui fait connoître que la difference des efprits, eft encor plus grande que celle des corps. Mais fi cette inconceuable difference des genres, des efpeces, & des indiuidus de ce grand vniuers, eft vne de fes

ã

plus remarquables perfections : celle des incon-
ftantes & variables opinions de l'homme , eft
vne vraye marque de fon imperfection , & vne
continuée punition du premier mepris de la
verité , par la preference du menfonge. Que
ce mépris a efté funefte à l'homme ! Puifque
cette belle & vnique verité offencée d'étre poft-
pofée à l'erreur, s'eft retirée du monde , & n'a
plus paru aux yeux des hommes que par Enigmes, & fous des efpeces trompeufes , & qui ont
plus d'obfcurité que de lumiere. Ces tenebres
ne font pas encor affez noires , l'homme ingenieux à fe tromper luy-méme, les époiffit par fes
opinions, & fur les moindres apparences, forge
des fantaifies fi extrauagantes , que le plus fouuent il fe trouue embraffer tout le contraire de
ce qu'il croit connoître, & le pis eft qu'apres
auoir preoccupé fon efprit , il fe trouue incapable d'étre defabufé , & l'amour qu'il a pour fes
opinions , le rend opiniâtre à les deffendre ; &
s'il eft contraint de fentir en luy-méme le contraire de ce qu'il auoit creu ; il perfeuere encor,
& ne deffend plus fes opinions comme des veritez ; mais parce qu'elles font fiennes , & qu'il y
va de fon honneur, d'auoüer qu'il étoit incapable
d'erreur. Si cela fe trouue veritable prefque dans
tous les hommes, & de toutes profeffions , tant

PREFACE.

des Sciences que des Arts ; c'eſt en la Philoſophie qu'on appelle Hermetique , que l'opinion
produit tous ces effets; c'eſt en elle que ſe trouue
preſque toujours l'erreur , & la verité y eſt auſſi
rare que le *Phœnix* : la preſomption y joüe ſa partie ; l'opiniatreté la confirme, & l'experience deſ-
abuſe , mais ſouuent ſi tard, que l'on n'y void plus
goute , l'eſperance laiſſant les mains vuides , &
la bourſe pleine de vent ; & le repentir d'auoir
trop deferé à ſon opinion , de laquelle on eſt
plus ennemy, qu'on ne l'auoit aimée. Mais comme nous ſommes toujours induſtrieux à nous
flatter nous-mémes, il échape encor de dire que
la Science eſt faulſe , puiſque nos imaginations
n'ont pas eu leurs effets. Il y a long-temps que
cela a été dit, & ſi Hermes ne laiſſe pas d'auoir
grand nombre de diſciples, qui font autant de
ſectes comme il a dit de mots , & chacun croit
pourtant auoir la vraye intelligence. Il ſuffit d'a-
uoir fait vn ſeul cours de Chymie, pour apprendre les termes de l'Art ; apres cela , ces grands
mots de Sel, Soufre, & Mercure , ſont aſſez lumineux pour éclairer dans les ſombres écrits des
Auteurs de cette deguiſée ſcience. Dés le commencement , le Nouice croit étre vn Profez
Iſiaque , & le ſon des paroles qui frapent ſon
oreille, le flatte d'vne felicité parfaite , ſur la-

á ij

quelle il forge de belles entreprifes, & de grands deffeins felon que luy dicte fon inclination. Cependant il cache fon fecret, inuente des chiffres pour en écrire, & fe moque en luy-méme de ceux qui n'ont pas le méme fentiment : que s'il lit quelque Autheur, ce n'eft que pour le faire rencontrer à fon intention; & s'il y a de la peine, il le condamne de Sophifte, & menteur. Voila comment quafi touts y procedent, y en ayant bien peu qui cherchent long-temps, fans preoccupation, & qui prennent la peine de confulter par la nature & par l'experience, la poffibilité de l'Art : la pratique d'autruy eft vne voye plus courte & plus facile : & fur la ridicule croyance qu'vn Philofophe leur enfeigne en vn jour ce qui luy aura coufté l'étude de trente ans, ils s'arrétent à fes paroles, fur lefquelles ils fondent leurs opinions, & bien fouuent s'hafardent au trauail du grand Oeuure, & cherchent vne chofe qu'ils ne connoiffent pas; auffi ne la trouuent-ils pas. Ils s'abufent bien fort de croire que les Autheurs ayent intention de decouurir leur admirable fecret, & le rendre vulgaire; & je m'étonne que puis qu'ils les croyent felon le fens literal, qu'ils ofent méprifer leurs aduis; puifque tous les bons difent fidelement que leurs écrits font obfcurs, & qu'ils les deguifent, affin de n'étre pas claire-

PREFACE.

ment entendus, & qu'il faut accquerir cette
grande connoiffance par meditation, trauail &
experience. Mercure Trifmegifte, au premier de
fes fept chapitres dorez, dit. *En vn fi long aage,*
ie n'ay point ceffé de faire des experiences, & n'ay point
ceffé de trauailler ; i'ay conneu cette fcience par mon
feul trauail. Et pour montrer qu'il en a écrit ob-
fcurément à deffein, & pour quelle raifon ? *Afin*
qu'ils le celaffent à ceux qui font ignorants, & qui n'ont
aucune Loy ou douceur ; que i'ay neantmoins nommé,
aux fages par vn nom connu ; & dans le méme chapitre, il exhorte fes enfans de cacher la fcience.
Or je vous prie, tous fils des Philofophes, par noftre bien-
faicteur qui vous donne l'honneur de fa Grace, que
vous ne veuilliez declarer fon nom à aucun ignorant,
etourdi & inepte. Il garde bien luy-méme le fecret.
Et au cinquiéme chapitre, il dit, *voila qu'en par-*
lant par metaphores, je vous ay obfcurcy mon dire, &
priué de lumiere. Touts ceux qui ont été fes vrais
difciples, luy ont été fidelement obeïffants, &
pas vn n'a écrit que tres-obfcurement. Arte-
phius fe mocque de ceux qui s'attachent à la lettre, difant. *Nunquid enim etiam hæc ars eft cabali-*
ftica, arcanis plena, & tu fatue credis nos docere aper-
te arcana arcanorum ; verbaque accipis fecundum fo-
num verborum? Scito vere, qui verba Philofophorum
accipit fecundum prolationem, ac fignificationem nomi-

num, multipliciter errat, pecuniamque suam destinauit perditioni. Geber donne le méme aduertissement au Traité *De Summa perfectionis* disant, *Non tradidimus scientiam nostram sermonis continuatione, sed eam sparsimus in diuersis capitulis, & hoc, ideo quod eam tam probus quam improbus, si continue fußet tradita, vsurpaßet indigne; & eam similiter occultauimus vbi magis aperte locuti fuimus.* Mais nonobstant touts ces aduis, on écoute la lettre, & sur la grande difficulté de découurir la matiere des Sages, vn seul mot suffit pour arréter l'opinion du pretendu Philosophe. Si quelqu'vn dit, *Soleil, Lune, & Mercure,* entendant les trois principes tirez d'vne seule matiere, on prendra l'or, l'argent, & le Mercure vulgaire; & faisant vn amalgame, on s'amusera plusieurs années à faire & refaire, n'ayant autre soubçon d'erreur que sur les proportions : si *Soufre & Mercure,* quelqu'vn les prendra tous deux ; & vn autre d'vn seul pretendra tirer son menstrüe : dans vn Autheur il se parlera de *Ros Majalis,* faisant allusion à Maja mere de Mercure, cela suffira pour chercher dans la rozée, l'intention chymerique. Le *Tartre* est exalté par bon nombre d'Autheurs, qui entendent *celuy qui est tiré du vin Philosophique;* ou bien ce mysterieux Tartare des ancienes fictions; & cela est ridiculement pris pour le Tartre com-

mun , furquoy on a fait d'infinies folies. L'vn
veut qu'il foit fixe ; l'autre veut fon efprit , fa
teinture, ou fon huyle : l'autre le veut fubtil, &
le fublime dans vn vaiffeau de verre fait en forme de lance , peut étre parce que la lance d'A-
chile auoit vne grande vertu. Si quelque fubtil
a dit quelque chofe qui femble parler d'vn efprit
vniuerfel ; les efprits plus deliés le prennent au
mot ; veulent vne fubftance pure & indeter-
minée , & fe croyants plus fages que la méme
nature , ils pretendent de la fpecifier, & reduire
de puiffance en acte, la femence de l'or ; mais il
faut fçauoir où fe puife cét efprit vniuerfel , &
le Cofmopolite leur enfeigne qu'il eft *aux rayons
du Soleil & de la Lune* , en ce méme fens que Trifmegifte dit , *le Soleil eft le pere & la Lune la mere,*
& les abufez cherchent de l'attirer par des mi-
roirs ardents & d'autres immediatement dans
des phioles fcelées Hermetiquement. Si quelque
Philofophe dit qu'il eft dans les ordures , ou
dans les vrines des enfans, ou dans le fang d'vn
homme rouge, dans les œufs , dans des herbes,
& autres infinies chofes qui au fens de l'Autheur,
difent la verité : le credule Lizart s'attachera
à ces noms; car il eft certain que l'on a trauaillé fur toutes les chofes, dont les Autheurs ont
feulement dit vn mot, au mépris de leurs paro-

PREFAACE.

les, qui affeurent, que la matiere eft vnique , &
de nature metalique; ny ayant pas vn bon Philofophe chez qui cette verité ne fe rencontre.
Hermes dit *qu'il eft caché aux cauernes des metaux.*
En cette intelligence il dit *que les corps font fept, defquels le premier eft Or tres parfait ,* les anciens en-
feignoient la neceffité de connoître parfaitement
la nature metallique, par la defcente de leurs Heros
en enfer ; Hercule y defcend , & en retire les
trois principes Hermetiques marqués par le Cerbere ; Virgile y enuoye fon Ænée , auec le rameau d'Or ; quelques-vns ont creu que fa penfée étoit Philofophique : il n'en a pas toutes les
vrayes marques, & ce qu'il confulte auec Anchifes,
môntre affez fon deffein. Les Ægyptiens qui ont
été les premiers maîtres de l'art, entendoient par
Serapis , le Dieu des richeffes Pluton , aupres
duquel ils mettoient le Chïen à trois teftes & vn
Serpent : & en toutes les feintes où ils ont voulut parler de l'art, ils ont mis le Serpent , pour
marquer le metal. Poliphyle en fes fonges môntre combien ils eft neceffaire de les connoître
parfaitement , par l'entrée qu'il fait dans le Coloffe de bronze : & Ifaac Holandois , en fon œuure Minerale dit qu'il faut que l'artifte fçache,
quando Luna primum curfum in orbe cœperit, & vnde,
entendant la **Lune Philofophique**; ce qu'il môntre en

tre au méme lieu, difant qu'il faut fçauoir. *Vnde metalla in fodinis fuam originem ducant ; vnde primum crefcant & augeantur ; quomodo & ad quid natura metallorum reduci amet, feque reduxiffet ni natura fuiffet impedita per res alias , vt id perficere nequiuerit, refque impedimenti noffe debes.* Ce qu'il dit étre tres-neceffaire , affeurant en fuite que, *quique hoc ignorant procul ab arte abfunt.* Tous les autres Autheurs difent la méme chofe , parlant de la Nature du fujet Hermetique : ils font encor bien mieux d'accord & plus intelligibles parlants de l'vnité, n'y en ayant pas vn des bons qui ne foit dans cette intelligence : mais le meilleur de tous les Philofophes c'eft l'experience naturelle , qui fait voir que toutes les generations & produ-ctions fe font dans vne feule efpece, tant en la nature animale, vegetale que minerale ; en l'animale il y a difference de fexe & non pas de nature , il étoit ainfi neceffaire pour la propagation : au vegetal il n'y a pas de diftinction , chaque chofe produit fa femence , laquelle mife dans la terre , engendre fon femblable. Mais au metal, il n'en eft pas de méme , la femence eft diffufe par tout le corps metallique, & la qualité qui le coagule , affemble tout ce qui fe trouue en la compofition ; l'heterogene auec l'homogene ; le pur auec l'impur ; & de la pureté de la premie-

é

re impofition , depend toute la perfection.
De là vient que fouuent plufieurs metaux fe trouuent enfemble dans vne méme mine , les parfaits auec les imparfaits, confondus les vns auec
les autres ; mais non pas fi parfaitement mélez
qu'ils ne foient feparables, l'or, de l'argent ; le
plomb & l'etain, de l'argent & de l'or; & quoy
que leur coagulation foit faite par vn feul agent,
l'intention du mélange fe trouuant differente,
l'action le fera tout de méme ; & quoy que l'or
s'acheue, le plomb demeurera imparfait, non
pas par la debilité de l'agent : mais bien par le
defaut de la compofition, qui a fouffert des accidents , qui empechent l'effet de l'impofition radicale. Or fi ce melange accidental a eu le pouuoir d'arréter l'effet de la nature, combien qu'il
fût du genre mineral , l'empechement fe trouueroit plus grand , fi c'eft d'vn genre different:
& ainfi il eft tout euident, que le vegetal & l'a-
nimal feront incompatibles auec le metal, cetuy-
cy a toute fon intention à l'époififfement, & les
autres l'ont plus à l'élargiffement, & cela feul feroit caufe du diuorce. Mais fuppofé que le mélange foit tout d'vn méme genre, & que le metal foit mélé au metal , les proportions étants
diuerfes & de differente intention , elles feront
toûjours de méme : & s'il fe produit quelque cho-

fe, il ne fera ny l'vn ny l'autre , & fi le parfait communique quelque chofe à l'imparfait , il diminüera autant de fon excellence. Les anciens l'ont feint par l'ajonction de Mercure auec Venus , dont naquift Hermaphrodite , & auec Penelope dont fortit Pan le Satyre ; aux animaux mémes , l'afne joint auec la jument produifent vn mulet, qui n'eft ny afne ny cheual, & pourtant c'eft dans le genre animal , mais n'eftant pas vne méme efpece, & leurs proportions fe trouuant differentes , il faut neceffairement qu'il fe produife vn monftre , à caufe de la double proportion du melange. Si cela fe rencontre en l'animal, combien plus au metal, qui manque de faculté expultrice, pour pouuoir rejetter les fuperfluitez? elle n'a pas eu ce pouuoir en la nature animale, où l'efpece de l'afne & celle du cheual conferuant chacune , la forte mixtion des elements, ont par leur affemblage produit vne chofe qui n'eft ny l'vn ny lautre; à plus forte raifon au metal , dont l'intention eft d'affembler non pas de rejetter. Que fi cette vertu du parfait à l'imparfait, étoit communiquable, cela fe feroit alors que les metaux font encor dans la matrice, & tout ce qui fe trouueroit auec l'or, pourroit participer à fa perfection : & pourtant le plomb auec l'or, demeure plomb fans reffen-

tir nul bien de son mélange : & voyla comment
les pretendus compositeurs se trouuent courts,
en tous leurs assemblages. Mais s'ils sont dans
l'erreur pour la nature du sujet & pour le nombre, ils n'y sont pas moins pour les preparations, & sur tout pour la solution, l'vnique soucy de tous les pretendans : car pour le corps la
question est vuidée, Augurel leur a dit que *In
auro femina funt auri, quamuis abstrusa recedant lon-
giùs.* Et cette commune Sentence que, *Fermentum auri aurum est.* Qui est parfaitement veritable, à ceux qui connoissent sur quelle paste il
faut appliquer ce leuain. Sur cette persuasion
que l'or est le sujet Philosophique, il n'est question que d'vn bon dissoluant, mais il faut qu'il
soit sans corrosion, & qu'il dissolue l'or, comme
l'eau fait la glace, & auec la méme douceur,
hoc opus, hic labor est, on ne sçait où le prendre,
mais cette dissolution n'est pas bien entenduë,
car ils ne veulent qu'ouurir le corps en consistance humide, & separer ce qu'il a de terrestre,
contre le precepte Philosophique, qui dit, qu'il
faut délier & des-assembler les élements de la
composition, & les rectifier & purifier, en sorte qu'ils n'ayent plus nulle marque de leur premier mélange ; & cela d'vn consentement si general, que ceux qui ont voulu paroistre sçauoir

PREFACE.

quelque chofe , quoy-qu'ignorants , ont tenu ce langage, & c'eft en ce poinct que Virgile paroît étre Hermetique , car apres auoir connu l'excellence de la femence radicale , qui eft contaminée par les corps, difant au fixiéme de l'Eneide.

Igneus eft ollis vigor , & cæleftis origo
Seminibus quantum non noxia corpora tardant
Terrenique hebetant artus ---------

Il fait que cette femence s'en trouuant feparée a befoin d'étre bien purgée , par longues & diuerfes operations , qu'il femble dire en ces vers.

Donec longa dies perfecto temporis orbe
Concretam exemit labem, purumque reliquit
Æthereum fenfum ----------

Il faut étre exact en ces purifications , afin qu'aucune humidité etrangere ne demeure, que Trifmegifte appelle, *fumée, noirceur, & mort* : car fi la moindre refte dans les élements , elle eft capable de gafter tout l'ouurage. Cela montre qu'il y a deux fortes d'eau en la feparation : l'vne etrangere & nuifible ; & l'autre naturelle, amie, & inftrumentale, ainfi Hercule combat le fleuue Acheloüs , & l'efcorne , & c'eft l'humidité aqueufe qui eft rectifiée ; il combat l'Hydre, & le tüe auec le feu ; & lors l'humidité ou huyle foulphreufe eft purgée ; mais il faut nettoyer les ordures des étables à bœufs , & Hercule fe fert

du fleuue *Alphée*, qui eſt l'eau inſtrumentale de
méme nature ; car *Alphée* vient d'*Alpha*, qui ſignifie bœuf en langue Phœniciene, ſelon Plu-
tarque en ſes Opuſcules. Toutes ces operations
ne ſe peuuent faire, en la ſimple liquefaction
de l'or, qui eſt la ſeule intention de la ſecte do-
rée, elles ſont pourtant tres-abſolument necef-
ſaires, ſelon le general conſentement des Philoſophes, il y a donc apparence qu'ils n'ont pas
bien entendu ny les Autheurs ny le pouuoir de
la nature; & encor moins de l'Art. Ils veulent
méler auec l'or vne humidité étrangere, ſupoſé
que ſelon l'idée d'aucuns, ce ſoit vn eſprit vni-
uerſel, indeterminé, qu'ils pretendent ſpecifier
en l'or; ſi cét eſprit eſt ſimple il, ne ſe pourra
méler auec l'or, ſans changer la proportion ſpecifique: car s'il eſt air, il ajoûtera vn air en plus
grande quantité qu'il n'en faut à la ſemence aurifique, & troublera l'ordre naturel contre l'intention de l'Art, qui cherche ſeulement d'aider
à la nature, non de luy étre contraire. Mais ſi
cét eſprit ou menſtrüe, ou diſſoluant, eſt tiré
d'vn compoſé, il retiendra de la compoſition,
en dépit de l'Artiſte, & de toute ſon adreſſe: car
les élements qui ſe ſont vne fois mélez ſous quelque eſpece, ne peuuent étre ſeparez par l'Art;
le compoſé ſe peut détruire, & diuiſer, mais les

PREFACE.

parties retiennent du melange, & de la proportion , comme il fe voit aux diftillations les plus
fubtiles , où chaque eau retient quelque vertu
du lieu dont elle eft fortie : elle retient du gouft
& de l'odeur, & tout cela ne peut étre fans compofition. Les cendres, les fels , le verre méme,
retiendra la couleur, en fin les mariages que la
nature a faits, l'homme ne les peut feparer ; la
nature méme ne le fait pas , car les efprits qui
d'eux mémes s'exhalent des corps, retiennent des
marques des lieux dont ils fortent , & fort long
temps aprés. Ainfi les fleurs, les fruits, & prefque toutes chofes, quoy qu'on ne les fente pas,
l'efprit qui exhale de l'aymant ne fe trouue fenfible qu'au fer ; & le fer ne fe meut que lors qu'il
reffent fa prefence ; mais fi l'aimant eft jetté au
feu, il y perd auec fes efprits, cette puiffance
fur le fer , qui eft fans complaifance pour cét
aimant qui n'a plus d'efprits. Ces efprits compo-
fés qui exhalent des corps, font encor remarquables par la fubtilité de l'odorat du chien , qui
trouue vne grande difference de fentiment , fur
les voyes de differentes beftes : car qu'il y ait
deux chiens, l'vn pour le cerf, l'autre pour le
Sanglier ; celuy du Cerf rencontrant du Sanglier
ne dit mot : mais s'il rencontre du Cerf , alors
il donne des marques qu'il treuue ce qu'il cher-

che: & celuy du Sanglier en fera tout de méme,
& peut être que ce fera en vn chemin dur & fec,
& l'vne & l'autre befte n'y aura paffé qu'en courant, & pourtant par ce fimple attouchement
ils ont imprimé quelques efprits qui ont affez de
difference, pour faire connoiftre au chien qu'il
y a paffé vn cerf, ou vn fanglier, cela ne fe peut
faire, fi ces efprits n'ont retenu vne odeur fpecifique, qui ne fubfifte que par la compofition.
Or voilà des effets naturels, qui font voir que
la nature méme ne peut pas diuifer les elements,
qui ont fenti le mélange fpecifique. Si l'Art le
veut pretendre, il fe trompera fort ; & s'il ne le
peut pas, il s'abufe dauantage, de vouloir méler auec l'or vn compofé de differente proportion. Si la matiere & les operations font encor
inconnües, l'intention des fages n'eft pas mieux
decouuerte, la fin que les anciens Philofophes
fe propofoient en la confection de leur grand
Elixir, étoit pour la feule fanté, en quoy fe trouuant fatisfaits, & confiderant les grands effets
de leur medecine, fur la nature animale, ils ju-
gerent auec raifon, qu'elle feroit auffi fecoura-
ble à fon genre : c'eft pourquoy en ayant fait
l'effay par la fimple proiection, deffus les imparfaits, ils n'y trouuerent pas leur compte d'abord,
mais apres auoir arrété fa grande fubtilité, par

vn

vn ferment felon l'intention , ils la trouuerent,
toute puiſſante au regne metallique. Et cela montre la vertu des paroles de ceux qui aſſeurent
que l'or des Philoſophes n'eſt pas l'or du vulgaire , & qu'il n'entre dans l'œuure , que pour
l'intention metallique, & nullement pour la medicinale : contre l'opinion de ceux qui pretendent à vn or potable pour vne medecine vniuerſelle , prenans pour fondement l'excellence de
l'or , & le dire des Autheurs qui en parlent ;
quoy que preſque tous diſent que la mine en eſt
Philoſophique , & que pluſieurs font voir par
de fortes raiſons , que l'or eſt tout à fait inferieur
à l'exellence radicale du ſoleil Hermetique. Mais
cela n'empeche pas qu'on ne bourrelle l'or,
comme ſi le mauuais traittement , l'obligeoit
d'obeïr au deſir du ſophiſte, qui ſe trouue encor
flatté par quelques vns , qui diſent que l'œuure
ſe fait à peu de frais, & dans fort peu de temps;
ne prenant pas garde qu'il y a trois ſortes d'operations, la premiere prepare , & c'eſt la plus longue : la ſeconde cuit & blanchit, & ne dure pas
tant que la premiere : & la troiſiéme rougit &
fixe, & c'eſt la plus courte. Il y en à encor trois
autres; l'vne multiplie, l'autre fermente, & l'autre fait la projection. Et comme toutes different
en la durée du temps , ainſi ce que les Autheurs

difent, fe trouuera veritable, quand ils ne di-
ront que trois mois, ou trois jours, ou trois heures ; mais ils ne mentiront pas beaucoup s'ils parlent de trois ans, depuis le commencement juf-
ques à la fin de l'œuure. Raimond-Lulle dit en
fon liure Intitulé *Liber Mercuriorum, lapidem vir-
tuofum affinauimus, & per triennium fimul fuimus
in fideliate magna, vnde Mediolani anno tertio com-
pleto fuit opus adimpletum.* Et Thomas Norton Autheur Anglois tres excellent, en fon *Crede mihi
feu ordinale*, parlant de la longueur du temps,
dit. *Si grande opus cum omnibus circunftantijs perfici
poffet tribus annis, res fortunata foret.* Geber ne limite pas la durée du temps, mais il marque bien
qu'elle n'eft pas courte, puis qu'en fon liure de
Jnueftigatione perfectionis; il dit que, *Medicina eft
cuius temporis longum fpatium anticipauit*: C'eft pour
cela que tous les Autheurs exhortent fi fort à la
patience en tous leurs écrits : mais fi le temps eft
long, la depence ne peut étre petite, & fi quelqu'vn parlant de la matiere, a dit, *vili pretio
venditur*, c'eft à comparaifon de fon excellence.
Mais pas vn n'a dit que l'Oeuure fe fit à peu de
fraix, finon qu'il aye entendu parler des dernieres operations, qui lors ne coutent que l'entre-
tien d'vn feu leger, car autrement tous donnent
quelque fentiment que la depenfe eft grande;

PREFACE.

c'eſt pourquoy Iſaac Holandois en ſon Oeuure
Mineral, dit que l'Oeuure, *eſt magni ſumptus,
multique temporis*, & il conſeille de ne s'y engager pas, ſi on n'a de quoy faire vne grande dé-
penſe, diſant. *Niſi te tantis opibus inſtructum eſſe
noris, vt in duos annos, ſumptus; vaſa; vitra, alia-
que vtenſilia parare poſſis tibi & ſociis, ne cæperis.*
Geber monſtre bien que pour cette entrepriſe il
ne faut pas étre pauure ; car il dit en ſon traité:
*De ſumma perfectionis : hæc ars non bene conuenit pau-
peri, ſed potiùs eſt ei inimica.* Cette pauureté a contraint pluſieurs Philoſophes, de demeurer dans
la ſeule connoiſſance, faute d'auoir de quoy entreprendre l'ouurage, comme le dit le méme Geber au ſuſdit Traité. *Hi tamen vltima paupertate
oppreſſi, ex diſpenſationis indigentia, hoc tamen excel-
lens magiſterium coguntur poſtponere.* Mais ce ſont
ceux qui ont la vraye connoiſſance & qui ſont
gens de bien: car s'il y a quelqu'vn qui ſe per-
ſuadant ſçauoir ce qu'il ignore, ſe ſoit engagé
au trauail du grand Oeuure, & qu'apres auoir
ſouuent changé de matiere & de methode, il ne
trouue autre choſe que la fin de ſes biens ; il tâ-
chera de ſe joindre à quelque impatient de bien-
étre, & de luy parler des merueilles de l'Art: il
luy fera eſperer des threſors infinis, & vne ſan-
té rajeuniſſante ; & tant de merueilles aſſurées

d'Hiſtoires inuentées, qu'enfin il enjôle, & coupe
honeſtement la bource du credule, qui a été pi-
pé par vne pieté affectée, & par des proteſta-
tions d'amitié qu'il jure étre la cauſe qu'il prefe-
re le dupe à tous les autres hommes, pour la
communication de ce rare ſecret. Il met la main
à l'Oeuure, & commence par le Mercure qu'il
doit fixer au blanc & au rouge; à ſouffrir toutes preuues auec vn gain notable dans peu de
jours & à peu de fraix: cela ne reüſſit pas, mais
le fourbe trouue bien ſon excuſe; car il n'en
manque pas. Le Mercure de Saturne reüſſira ſans
doute, car l'experience luy en eſt ordinaire, la
preuue manque auſſi & non pas les excuſes. Vn
alliage ſera vn moyen plus prompt, à l'aide d'vn
ciment qui luy donnera la plus haute perfection,
& qui ſurpaſſera méme l'or de plus belle couleur; quelque accident aura encor empeché ſon
effet: il faut tenter vn blanc de feu, venu d'vn
grand Seigneur, qui en tiroit de quoy entretenir
vn ſplendide train, cela fait venir l'eau à la bouche du marchant fourniſſeur, mais cette Venus
paroiſt auec ſa côte verte, ou bien elle eſt trop
aigre, ou fort ſombre du feu. Puis qu'on s'eſt
engagé il faut bien paſſer outre, car les grands
ſecrets ſortent: c'eſt vne fixation de Lune auec
ſa teinture en couleur d'or à vingt-trois carats,

& le bon fol croit être aux riues du Pactole, mais l'operation finie, il n'y trouue que du sale limon, que s'il se fâche, on le consolera par l'esperance d'vne miniere plus abondante que celles du Perou, qui étoit le dernier secret, que le Sophiste jure luy auoir été appris, à la charge de ne le communiquer à personne du monde. Mais l'obligation, & l'amitié iurée dispensent du serment c'est à ce coup que la depense redouble, & l'auare ignorant qui croit déja être vn Midas, est en soucy du moyen de debiter secretement cette grande abondance d'or, qui doit sortir de sa chere miniere, dont les effets sont vainement attendus; car enfin le pauure souffrant ne ressemble à Midas que par les oreilles, & n'a pas la peine de demander à Bacchus de luy oster l'attouchement aurifique : les viandes, ne se changent point en ses mains, si ce n'est qu'ayant eu dequoy faire bonne chere, les dépenses que luy a causé le pipeur, le contraignent de manger du pain bis. Plusieurs ont été attrapez de la sorte, & neantmoins il se rencontre encore des personnes qui se laissent flatter de belles esperances; Tellement que tant d'essais inutiles tantez par ceux qui ont trauaillé innocemment ; mais auec l'ignorance aussi, & tant de piperies de ces enfumez coureurs, ont mis la belle science Her-

PREFACE.

metique en ſi mauuaiſe reputation , que c'eſt vn
eſpece de honte d'étre eſtimé CHYMIQVE, &
cette mere des belles connoiſſances naturelles,
ne trouue quaſi plus perſonne qui tienne ſon par-
ty , ny qui deffende ſa cauſe , non pas méme
qui ſçache ce qu'elle eſt. Elle n'a pourtant pas
de reſſentiment du mépris ; au contraire cela s'accommode au deſir qu'elle a d'étre cachée, & méme à ce deſſein elle habite les ombres , & ſon
precieux rameau , qui donne l'entrée à ſes ſecrets myſteres.

        ———— *hunc tegit omnis,*
  Lucus, & obſcuris claudunt conuallibus vmbræ.

Affin qu'il ſoit de plus difficile rencontre , les
enfans de cette obſcure mere retiennent ſon humeur , & au lieu de la découurir, la cachent tant
qu'ils peuuent , non pas comme dit Hermes au
premier des ſept chapitres dorez, *aux gens de bien*
Religieux legitimes ou ſages, mais aux ignorants vicieux,
de peur qu'ils ne ſoient trop puiſſants pour commettre leurs
mechancetez. C'eſt pourquoy ils ont inuenté tant
de fables & d'Enigmes pour cacher non ſeulement le ſecret du grand œuure; mais encore les
vrayes ſçiences naturelles , qui pouuoient donner quelque ouuerture à ſon intelligence. Si les
anciens ont creu auoir bien couuert le myſtere
deſſous leurs fictions, les modernes ne l'ont pas

moins couuert fous l'apparence de parler clairement de l'ouurage: car les chercheurs s'amufans
à leur dire, negligent l'étude de la nature par
laquelle feule, on peut faire progrez, en cette
difficile recherche : Et ce qui les attache encore
dauantage, c'eft l'affectée reffemblance de la
Philofophie Chymique, à celle de l'école, fur les
maximes de laquelle, ils femblent fonder leurs
intentions ; & c'eft de toutes les feintes la plus
ingenieufe, & qui éloigne le plus de la vraye
connoiffance : Les fages Chymiques en ont ainfi
vfé fçachant bien que le Philofophe vulgaire,
auec fon Ariftote, ne deuiendroit jamais Philofophe Hermetique, & que le plus abondant en
ergos feroit le plus indigent en veritables preuues. Ils parlent des quatre élemens auec le vulgaire, mais au langage fecret ils n'en comptent
que trois, qu'ils déguifent des noms de *Sel, Soufre*, & *Mercure* que l'obfcur Paracelfe appelle.
Ares, Fliafte, & *Archée*. Et les anciens les degui-
foient par les trois enfans mâles de Saturne ; *Jupiter, Neptune*, & *Pluton*, entendants *l'air, par Jupiter ; l'eau, par Neptune ;* & *par Pluton, la terre* ; ou
bien ; par trois Deeffes ; *Junon, Thetis*, & *Vefta*,
ainfi Iunon, ou l'air, eft penduë au Ciel par Iupiter, ayant deux enclûmes attachées à fes pieds ;
l'eau & la terre : Et pour marquer que le feu dont

nous connoiſſons l'vſage, n'eſt autre choſe qu'vn air ſubtilizé, ils ont feint que Vulcan étoit fils de Iunon, ſans pere, mais tout difforme & boiteux; il eſt mâle pour dire que l'air eſt plus excelent, plus vigoureux, & plus exalté en cette ſubtilité, qu'en ſimple conſiſtance d'air : mais auſſi il eſt boiteux, & a beſoin d'appuy & de ſoûtien; & cela ſignifie que le feu ne ſubſiſte, qu'autant que dure l'aliment qui l'entretient; & qu'apres il reprend ſa nature mais pour mieux expliquer qu'il n'y a de feu que ſur la terre, Vulcan a été jetté du Ciel en terre, & méme Veſta priſe pour la terre eſt la gardiene du feu ; Pythagore ſçauoit bien le ſecret diſant, *que le feu eſt au centre de la terre ?* Mais l'experience le ſçait encore mieux & trouue qu'il eſt vray, qu'il n'y a *qu'Air, eau, & terre* ; & que ces trois élemens font la premiere image du ternaire adorable, qui ſe trouue dans toutes les choſes compoſées, elles conſiſtent toutes *en corps ame, & eſprit ; matiere forme, & priuation* (ou pour mieux dire mouuement) *longeur, largeur, profondeur*; & infinies choſes, où toujours le nombre de trois donne la perfection : il eſt encore la baze des proportions naturelles & de l'élegance des choſes, comme il ſe voyt au viſage de l'homme ſiege de la beauté qui conſiſte en trois choſes : *proportion, integrité,*

PREFACE.

ïegrité, *lumiere* ; par la diuiſion du viſage ſe treuue encore la Proportion du corps, le nez ſera la
commune meſure, dont la face de l'homme aura
trois longueurs, la largeur du corps deux fois
trois, & la longueur la mieux proportionnée,
vingt ſept ou trois fois trois longueurs du viſage,
qui font neuf, & la plus étenduë n'eſt jamais que
de dix : ſur cette proportion, l'arche de Noë fut
baſtie ayant *trente coudées de profondeur, cinquante de*
largueur, & trois cens de longeur, les choſes naturelles
& artificielles cherchent leur bonne grace deſſus ce fondement : mais il ſe rencontre encor
dans les Cieux, car la lune qui a le plus de commerce auec la terre, s'accorde auec ce nombre
en ſa diſtance, ou en ſes mouuements ; car ſi la
profondeur de la terre eſt ſon diametre, trois
fois le diametre ſeront la circonference, qui ſera comme la face de la terre, dont la Lune eſt
diſtante (ſi elle eſt bien meſurée) de deux cir-
conferences, ou ſix diamettres ; & ſa courſe periodique s'accorde au vingt-ſept ; ou bien la Synodique auec le trente. Le Soleil a encor part
à cette proportion, car ſa grandeur n'excede pas
dix fois la grandeur de la terre, & ſa diſtance
à la terre n'eſt qu'vn diametre du cercle de la
Lune, ainſi que je pretends de prouuer quelque
jour. Mais parce qu'il eſt de taille gigantine,

õ

exultauit vt gigas ad currendam viam le semidiame-
tre de son cercle contient pres de vingt-sept semidiametres de la terre. Voyla comment par
tout le ternaire domine , & où le nombre de
quatre ne pourroit nullement étre appliqué ; car
la nature ne prend pas ses proportions sur le
nombre quarré, non plus qu'elle n'employe pas
quatre élements à ses compositions. Les pretendües quatre qualitez, les élements symboliques,
& les contraires de la Philosophie , sont encor
des maximes que l'experience verifie tresfaulses;
mais qui étant jurées par les plus sçauants de
l'eschole seruent d'espois nuage pour couurir le
Soleil Hermetique , duquel les rayons n'échau-
feront jamais ceux qui le croyent étre fils du
grand Soleil du monde , auquel ils attribüent
l'or vulgaire ; & celuy de Philosophes étant de
méme race , seroit aussi son fils : ce que les vrais
Chymiques trouuent bien éloigné de leurs experiences , qui leur apprenent que le froid rend
des effets qui ne sont pas connus que de ceux
qui ont fait l'anatomie des metaux , & que cela n'est point tant paradoxe , de dire *penettabile
frigus adurit*. Ceux qui connoissent les esprits mineraux , sçauent bien quelle est leur puissance,
quand ils sont separez de leurs corps , & combien ils agissent immediatement sur des choses,

PREFACE.

où le feu ne peut mordre, s'il n'eſt aidé de quelque matiere combuſtible; mais quelque grande
que deuienne ſon action, il n'a nulle puiſſance,
pour détruire la ſubſtance de l'or, non pas méme pour le reduire en cendres, ſi l'on n'y ad-
joute quelque choſe qui puiſſe aider au feu : &
au contraire vn eſprit mineral bien tiré, diſſou-
dra l'or, & l'étendra en conſiſtance impalpable,
& s'il demeure trop long temps dans l'eau forte,
il ſe detruira ſi puiſſamment, qu'il s'y trouuera
vn notable dechet : vn vray Chymiſte ſçait bien
que c'eſt le froid qui produit cét effet, mais vn
Philoſophe ne luy accordera pas, & l'autre auſſi
ne fera pas grand effort pour luy faire connoiſtre
touts les ſecrets de l'eſprit mineral. Voila comment le ſimple raiſonnement qui ſe veut prefe-
rer à l'experience, demeure dans l'erreur ; & la
raiſon pourquoy tant de grands Philoſophes ont
perdu leur eſcrime, ſur la recherche du ſecret
Hermetique, qui a été cauſe que pluſieurs trop
perſuadez de leur grand ſçauoir, ont accuſé de
faulſeté les Autheurs qui ont écrit de l'œuure,
ſur l'opinion que s'il euſt été poſſible, ils auoient
aſſez de ſcience pour en venir à bout. Mais ces
Meſſieurs auoient ſeulement leu des Liures &
non pas la nature : & Geber dit en ſa ſomme *qui
vero per librorum inſecutionem quæſiuerit, tardiſſimè ad*

ó ij

PREFACE.

hanc perueniet artem preciosissimam. Or si ces grands esprits n'ont peu déueloper l'Enigme; les petits ignorants n'y peuuent rien pretendre, & ainsi les vns & les autres feroient bien mieux de s'abstenir de cette grande affaire, en laquelle il se trouue tant de difficultez. Parmy vn tres grand nombre j'en remarque douze qui sont des plus considerables: la premiere est de sçauoir de quel genre il faut prendre le subjet Hermetique, la seconde quelle est l'espece qui nous le doit donner, la troisieme, qu'elles sont les vrayes marques de l'indiuidu bien conditioné, la quatriéme, qu'est ce qu'il en faut prendre, & qu'est ce qu'il faut laisser, la cinquiéme comment diuiser le bon d'auec le mauuais, la sixieme comment purifier, & les vrays signes de la parfaite rectification, la septiéme est l'ordre de la composition, & de la mixtion, la huictiéme qui fait trembler l'artiste c'est la proportion, la neufuiéme donne bien de l'inquiétude sur le regime du feu, la dixiéme n'est pas moins difficile, sur les signes de la decoction, l'vnziéme impatiente pour le temps, & la douziéme donne vn grand doute, sur les marques de la perfection. Voila douze monstres à vaincre, qu'à moins d'étre vn Hercule, on ne peut surmonter. La victoire ne sera pourtant pas impossible à ceux qui auront intelligence de

PREFACE.

l'Aſtronomie fabuleuze ou poëtique, qui contient
ſous ſes feintes tous les myſteres Hermetiques,
comme ie feray voir en ce traité de l'Aſtronomie Inferieure , que je nomme ainſi, parce que
les anciens feignants de parler du Ciel, parloient
des Planettes terreſtres , ou des metaux,& de leurs
correſpondances. Ie montreray, que les characteres des Planettes & des douze ſignes, ſont de l'intention Chymique, l'ordre, ſituation des Planettes, marque le commerce metallique, & les douze
maiſons du Zodiac les douze principales operations du grand œuure, deſquelles ie parleray
encore en la recapitulation. Ie m'arréteray à la rubification, non pas pour dire que ce ſoit la derniere, car il y à encor l'inceration , la multipli-
catiion , & la fixation ; mais ces trois , ſe font
pour l'intention metalique ; car pour la medecine , la rubification donne la perfection deſirée,
qui a été la premiere intention des Sages Hermetiques. Ie ne ſuis pas le premier qui a parlé
des Planetes & des Signes, les appliquant à l'Oeuure ; mais ceux qui ſe ſont ſeruis de cette application , croyóient que l'inuention étoit Aſtronomique, n'ayants pas encor remarqué l'vſurpation de cette doctrine ſur la Chymie : & moy re-
leuant ſes interets, ayant découuert l'erreur des
Aſtronomes , en preſque toutes leurs propoſi-
ó iij

tions , fur la grandeur, diftance, ordre, & moü-
uement des Aftres : je fais voir l'intention Hermetique dans l'Aftronomie Poëtique , & donne
encor ouuerture à l'intelligence des fables inuentées pour couurir le fecret. Dans ce deffein je me
propofe trois chofes. La premiere de faire connoiftre la vanité de l'Aftronomie ; la feconde
pour faire voir aux curieux, combien il eft difficile de decouurir vne chofe fi couuerte d'obfcu-
rités & d'Enigmes ; afin que decouurant la peine
& les difficultez, ils fe retirent de bon-heure, pour
euiter la dépenfe & la perte du temps qui eft fi
cher : Et la troifiéme , pour faire connoiftre au
monde l'excellence des bons efprits , qui ont
connu & caché cette grande Science ; faifant
voir que la vraye Chymie eft parfaitement hono-
rable , & pour ayder encor les vrais enfans de
l'Art à l'intelligence des belles fictions. Mais je
les auertis auec charité de ne s'engager pas fur
cette mer pleine d'écueils, s'ils n'ont bonne pro-
uifion de quatre chofes : *Science, puiffance, liberté,
& fanté*, au eccela ils peuuent entreprendre, pour-
fuiure & acheuer à la Gloire de Dieu.

IN IPSIS.
OMNIÂ.
ET EX IPSIS.

ABREGE'

DE

L'ASTRONOMIE

INFERIEVRE,

EXPLIQVANT LE SISTEME DES

Planettes, les douze signes du Zodiac, &
autres constellations du Ciel
Hermetique.

SVIET DE TOVT CE TRAITE'

CHAPITRE PREMIER.

IL Seroit bien difficile de iustifier
les Philosophes Hermetiques, de la
mauuaise foy de leurs écrits que leur
reprochent ceux qui ignorent les
veritables principes de cette scien-
ce. Le seul raisonnement se trouueroit trop foi-

A

ble, sur des esprits preoccupés d'opinion contraire, & l'experience seule pourroit étre receuë pour
témoin sans reproche. Mais ce seroit auillir, ce
pretieux secret, & prophaner les mysteres de
l'art, d'en exposer la moindre circonstance, &
méme d'en parler, que sous l'ordinaire stile de
la belle Chymie, qui ne recherchant pas l'ap-
probation vulgaire, ne veut étre conneuë, que
de ceux qui ont succé le vray lait Hermetique.
La reputation luy est indifferente, & ce n'est pas
du grand bruit que depend son bon-heur. Si elle
se communique pour parler des merueilles de
son grand Elixir, ce sera apres vne bien longue
épreuue d'vn amy vertueux, & reconneu capable de garder le silence. Et si la demangeaison
d'escrire, met la plume à la main de quelque Philosophe (le nombre étant petit de ceux qui s'en
abstienent) ce sera pour obscurcir, ce qu'il iuge-
ra étre trop expliqué dans les liures Chymiques, &
pour cacher autant qu'il luy sera possible, la con-
noissance de ce rare secret. Et sans se soucier du
reproche d'enuie, il se seruira de fictions, & de
fables, de termes étrangers & barbares, affecte-
ra de se contredire à soy méme, & emploiera
toutes choses, pour mettre à l'ombre le Soleil
Hermetique. C'est à l'imitation de la sage nature,
qui a enuelopé le grand sujet des Philosophes,

d'vne robe ſi groſſiere & obſcure, qu'il eſt bien
difficile, que la lumiere des meilleurs eſprits,
puiſſe penetrer iuſques ſous cette écorce, pour y
découurir ce noyeau de merueilles. Ce ſera par
vn iuſte & legitime droit qu'il en vzera ainſi, &
retiendra ſous vne poſſeſſion particuliere, vne
choſe, dont il ſe peut dire, ſinon le Createur, au
moins le neceſſaire Directeur, puiſque ſans ſa conduite la nature étoit impuiſſante de mettre au
iour, & mener à ſa perfection, cette quinteſſen-
ce admirable, l'amour & le rauiſſement des ſages Philoſophes. C'eſt ainſi que tous les anciens
& modernes en ont vzé, & les Egyptiens, qui en
ont eu la premiere poſſeſſion, ont méme caché
cét aduantage, ſous la fable d'Io. Cette deſo-
lée fille d'Inache perſecutée par la jalouze Iunon, courut preſque toute la terre, ſans treuuer
de repos, & iuſques à ce, qu'arriuant en Egypte, elle reprint ſa naturelle figure, & ſous le
nom d'Iſis, fut adorée pour Deeſſe. Ainſi la matiere du grand Elixir, auoit paſſé par les mains
de preſque tous les peuples, ſans étre reconneuë, que par la ſeule robe de ſes accidens, ſi ce
n'eſt des ſages Egyptiens, qui connoiſſant ſon
interieure excellence, la deſpoüillerent de ſon
exterieur, & par cét art incomparable, (qui s'apel-
le Chymie, de Chamie ou Chemie, premier nom

de l'Egypte) la ramenerent à la pureté de ſon
origine , & conduiſirent à vne perfection qu'ils
eſtimerent quaſi diuine. Mais ils furent ſi jaloux
de la poſſeſſion de ce grand ſecret , que pour le
garantir du vulgaire, ils luy firent vne robe toute de fables, qu'ils diuulguerent auec tant de credit , parmy le peuple groſſier & ignorant , que
preſque toute la Theologie Payenne en a été
tirée. Les myſteres d'Iſis & d'Oſiris; cette auan-
cée conception d'Orus deuant la naiſſance de
pere ny de mere , & tout le debit de la feinte,
eſt vne veritable & naïfue deſcription de tout
l'œuure Hermetique , & quant & quant le ſujet de la ſuperſtition Egyptienne. Orphée eut le
méme credit parmy les peuples Grecs & ſous la
fable de Bachus y tranſporta les ceremonies Iſiaques couurant ſous l'embrazement de Semelé,
ſans leſion du bon pere Liber, les grands effets
du vin des Philoſophes. A l'imitation d'Orphée
& des Egyptiens , tous ceux qui ont beu dans
l'Hypocrene , ſe ſont ſeruis de la méme methode (& n'en deplaiſe aux ſimples Poëtes, le Pe-
gaſe ne leur apartient pas.) Et parce qu'ils ne ſont
paruenus à cette haute connoiſſance que par
de longues recherches, & pennibles labeurs, ils
n'en ont parlé que ſous la feinte de grandes &
perilleuſes entrepriſes, conduittes par des Heros,

& par des hommes de valeur extraordinaire. Ainfi les trauaux d'Hercule, le voyage de Iafon en Colchos, le Minotaure de Thefée, l'Andromede de Perfée, & les fatigues de Cadmus, & peut être la deftruction de Troie, couurent induftrieufement, tout ce qui eft de plus neceffaire , pour la conduite du grand œuure. Heliodore n'en fait pas moins dans les chaftes amours de Theagene & Cariclée Et l'ingenieux Poliphile fous les ruines de l'ancienne Architecture, fes inquietudes fur l'abfence de Polia, & fous les ceremonies des facrifices. dérobe à l'intelligence, les plus menuës circonftances de tout le procedé Chymique. Mais pour baftir ces grandes feintes, les Philofophes ont mis en œuure tout ce qui eft dans la nature, & tous les elemens ont contribuë quelque chofe, à leurs deguifemens. Ils font viure la Salamandre dans le feu, & naître le Phœnix de l'embrazement de foy méme. L'air leur fournit la rozée & le miel, l'Aigle, le Corbeau , le Cigne, la Colombe, le Cocou, la Cigoigne. La terre leur donne le Lion , l'Elephant , le Taureau , le Cheual, le Loup , le Chien , & le Mouton , & l'Afne méme fera de la partie, le Dragon y eft emploié auec le Scorpion, le Crapaut & la Vipere. La mer donne l'Echeneis, & le Sel pour l'affaifonement , & les entrailles de la terre, fournif-

sent, les metaux & tous les mineraux, les arbres
mémes ne sont pas oubliez , & le Chêne des
Druides Gaulois, est de méme racine, que celuy
où Cadmus attacha le grand Serpent de Mars,
le sang , les cheueux , & les ongles , & les plus
sales excremens seruent à leur Enigmes. Et pour
se cacher dauantage, & se rendre inconneus, ils
ont inuenté des termes, & forgé des characteres
étranges , pour écrire & parler , en sorte qu'ils
ne puissent être entendus que par eux mémes.
Et neantmoins dans cette grande diuersité , qui
se rencontre dans les écrits des Philosophes Chymiques, ils sont parfaitement d'acord, & en tous
vne méme intention se découure, par la fidelité
de leurs Enigmes , desquels on tire & la con-
noissance des bons Autheurs , & beaucoup de
lumiere pour leur intelligence. Le seul langage
du Cocu d'vne voix fort grossiere , & qui ne
change point, dit que le sujet Philosophic est vn,
& qu'il n'a qu'vn seul nom , la naissance du
Cocu , tout seul dans vn nid étranger & nourri,
par vn oiseau de differente espece , confirme la
méme vnité , & fait connoître que la matiere de
l'Elixir est mélée d'accidents contraires à sa nature.
De tous les poussins, le Cocu est le plus laid & ressemble vn Crapaut, la matiere Chymique est vile
& méprisable, & n'a nulle marque d'estime. Le Co-

eu, en volant, reffemble vn Efpreuier, mais l'ayant
à la main , on treuue qu'il n'en a ny le bec, ny
les ferres; & au contraire, fous fa plume on découure vne chair de bon goût. Le fujet Hermetique, par la feule connoiffance vulgaire ou paffa-
gere , n'a nulle marque d'excellence , paroiffant
fort rude & groffiere, mais à vn Philofophe qui
la confidere auec plus de lumiere, elle paroift
d'vne grande valeur , & l'ayant dépoüillée de fes
accidents, il y découure vne fubftance tres pre-
tieufe. En fin fi le Cocu produit vn œuf, il n'a
pas l'induftrie de l'éclore , & fans vn fecours étranger, il feroit inutile. Ainfi la nature produit bien
le fujet des Philofophes , mais fans l'aide de l'art,
elle ne le peut mener à fa perfection. Voila comme
par vn feul mot, les Philofophes font vn difcours
autant étendu, qu'il y a de circonftances applicables à leur fujet , & comme leur intention fe
trouue dans la chofe fignifiantes , ils fe décou-
urent fideles à ceux qui penetrent leurs feintes.
Nous en pourrions donner vn grand nombre
d'exemples : fi nôtre deffein étoit de faire l'Apo-
logie de la Chymie, mais ayant deja dit qu'elle ne fe foucie nullement de ceux qui la mépri-
fent, fans la connoître, il faut paffer au fujet de
ce liure , qui pretend découurir l'vfurpation de
l'Aftronomie Superieure , fur l'Aftronomie Her-

metique, & faire voir que la Philoſophie naturelle a vn Ciel, des Aſtres, des Planettes, des
Signes, & des Conſtellations, dont elle marque,
les natures & les diuerſes influences, par des
noms & des characteres, qui luy ſont propres, &
iuſques à preſent inconneus des Aſtronomes,
quoy qu'ils s'en ſoient ſeruis, depuis vn bon nombre de ſiecles. Car ce n'eſt pas ſeulement, les
elemens & les choſes baſſes, que les Philoſophes
ont employé, pour parler du fils de leur labeurs:
ſon excellence eſt par trop grande, pour la laiſſer
ſur terre, & luy donner des noms communs.
Mercure Triſmegiſte dit que le Soleil en eſt le
pere & la Lune la mere, & ſes diſciples enfans
de la ſcience, & ſans doute luy méme, ont mis
ſa race, & toutes ſes actions dans le Ciel des
Philoſophes, duquel ils ont parlé auec tant d'apparence, de diſcourir des Aſtres, & par des
appliquations ſi bien étudiées, que les plus ha-
biles s'y ſont pris, & l'ont reçeu pour vraye
Aſtronomie. Ptolomée a pris le Siſteme de la
correſpondance des metaux, pour celuy de l'ordre des Planetes, il a reçeu les Characteres Chymiques tant des Planettes que des Conſtellations, & preſque tous les ornemens de ſa Doctrine, ſont empruntez de la Chymie. Il ne ſera pas
ſeul ſujet à reſtitution, Copernicus luy tiendra
compa-

compagnie, & apres auoir apris de quelle terre Pythagore parloit, quand il dift, que la terre étoit vne des eftoilles, il verra qu'Ariftarque, n'entendoit pas les parolles de fon maître. Nous auons montré en l'Introduction, au Sifteme naturel du monde, que l'Aftronomie, auoit befoin de grande correction, & que les apparences Celeftes ne fe rencontroient pas auec la Doctrine des trois Siftemes, de Ptolomée, Coopernicus & Tichobrache, & donné quelque difpofition, pour retirer les efprits, de l'érreur, fur la fcience des Aftres. Il faut en ce traité, que parlant des conjectures, que les Aftronomes ont pris leur Doctrine ou partie d'icelle, de la Philofophie Hermetique, nous faffions voir auffi les grandes erreurs que les difciples de Vulcan, commettent en l'intelligence de Autheurs, & combien ils s'abufent, s'attachants à la lettre & aux explications qu'ils donnent aux écrits de cette fcience, toutes contraires ou fort éloignées de la vraye intention des Philofophes, afin de faire connoître aux curieux rechercheurs du grand œuure, que à moins d'vn don de Dieu, ou comunication d'vn amis qui poffede le fecret, ou d'vne longue étude, fuiuie de grand efprit, & d'affidu labeur, il ne faut pas pretendre de monter fur l'Olimpe ; & ainfi nous tacherons de feruir au public, luy faifant

B

part de nos veilles , & longues experiences , le
tout , à la gloire de Dieu.

<hr>

De l'Origine de l'Aſtronomie Jnferieure.

CHAPITRE II.

 CCVSANT l'Aſtronomie ; dauoir
vſurpé , ſur les Philoſophes Chymi-
ques, nous ne pretendons prouuer
nôtre propoſition , que par la méme
voie dont vzent les Aſtronomes,
pour prouuer leur Doctrine, qui pour ſes fondemens, n'a que des apparences , ce ſera par des apparences auſſi & par de fortes coniectures, que
nous ferons voir au monde, que les fictions de
la Chymie, ont été cauſes des erreurs de la ſcience
Aſtronomique. Mais pour cét effet nous auons
droit de pretendre la méme grace, qu'on accorde aux plaideurs , de qui les titres ont peri par
le feu, puiſque l'hiſtoire nous donne témoignage , que l'Empereur Diocletian , pour éteindre
les frequentes reuoltes des peuples de l'Egypte,
ne trouua point d'expedient plus ſeur , que de
faire brûler tout les liures Chymiques , & qui en-
ſeignoit la maniere de faire de l'or, parce que les

Egyptiens, qui poſſedoient parfaitement cette ſcience, en tiroient le moyen de faire de groſſes armées, & de tailler ſouuent de la beſogne à l'Empire Romain. Il en fit faire vne ſi exacte recherche, qu'auec ces liures aſſemblez & reduits en cendres, il retrancha pour jamais les moyens de la rebellion. Or ce fut lors que perirent les plus anciens & les meilleurs écrits, & auec eux le titre qui marquoit l'antique poſſeſſion de la Philoſophie naturelle, ſur le Siſteme, que Ptolomée, auoit deja appliqué, à la Conſtitution du monde; & il n'échapa de cét ambrazement que ce peu de liures, qui auoient paſſé chez les autres nations, ou qui étoient ſi parfaitement déguiſés, qu'ils n'auoient nulle marque de ceux qui alors étoient dignes du feu. Ce fâcheux accident nous ôtant le moyen de faire voir nos titres, il faut auoir recours aux inductions, ſur ce peu qui nous reſte.

Ceux qui ſe ſont méles de l'explication des anciennes fables, leur ont fait dire beaucoup de choſes bien éloignées de l'intention de leurs Autheurs. Mais comme l'application manque de naïueté, la contrainte paroît à ceux qui ſçauent, que Iupiter eſt pere d'Apollon, auſſi bien que des muſes, & que ſi le Cheual nay du ſang de Meduſe, fut vtille à Perſée, pour ſauuer Andromede, il ne le fut pas moins aux Muſes,

par la fontaine qui ſourdit, ſur le mont Heli-
con, leur nombre, leur cheuelure noire, auec
leur conduĉteur, compoſent heureuſement l'harmonie Chymique, qui demeurera toujours dans
la conſonance parfaite, nonobſtant les piës ba-
billardes, qui ne comprenant pas, le myſtere des
anciennes fiĉtions, ont creu que l'inuention des
fables, auoit pour principale fin, le voile general de toutes les ſciences, & qu'il s'en falloit ſeruir, pour y cacher au vulgaire, les plus menues
connoiſſances. Ce n'étoit pourtant pas le but des
premiers inetnteurs, leur inuention n'étoit que
de cacher le grand ſecret Chymique. Cette ancienne fiĉtion du chaos & de la confuſion des
elemens, eſt ſi expreſſe, pour maiquer la nature du ſujet Hermetique, qu'à moins de nom-
mer les choſes par leur nom, on ne ſçauroit parler plus clairement, la fable de Cybele, la grand-
mere des Dieux, ſuit le méme deſſein, pour dire
que la terre, produit tous les Dieux de l'Olimpe
Chymique, du mariage de Saturne & de Rea ſa
ſœur, (quoy qu'au deſauantage des fils aînes de
Cœlus) ſont ſortis tous les Dieux, & les Planettes Hermetiques. Saturne dans le Ciel occupe
le haut lieu, comme l'ayeul de tous, Iupiter vient
apres, pere de tous les autres, de Mars auec Iunon
ſa ſœur, d'Apollon & Diane, par Latone, de Ve-

nus par Dione , & de Mercure par Maja ; & ce
fut de ces noms qu'ils deguiferent , les metaux
vrays enfans de la terre, fur lefquels les Heros &
demy Dieux, font les merueilles de la fable. Chiron , fils de Saturne , & de Philira , eft vn des
premiers maiftres ; fa double nature & fon nom
qui deriue de main , dit affez clairement que la
diligence , & laborieufe experience , joint à la
fpeculation des chofes naturelles, découure le fecret de la grande medecine , qu'il enfeigne, à
Iafon , & à Hercule , fous le nom de l'Aftronomie, où plûtôt de l'entiere connoiffance , de tout
le procedé. Sur quoy ces deux Heros également
fçauans entreprennent l'ouurage , à la conduite
duquel ils ont beaucoup de rencontres fembla-
bles. Hercule, eft perfecuté par Iunon, & Pelias
expofe Iafon au peril du voyage de Colchos, ce-
tuy-cy paffe la mer dans vn nauire, & Hercule,
dans vne coupe d'or, Iafon dompte le Taureau,
Hercule enleue les bœufs de Gerion. Iafon combat les gendarmes , nés de fon labourage , &
Hercule étoufe Anthée fils de la Terre ; l'vn combat l'Hydre & l'autre le Dragon ; cétuy cy enleue, la Toifon d'or, & celuy-là, les pommes des
Hefperides. Iafon époufe Creüfa, & Hercule Me-
gare , toutes deux filles de Creon. Enfin la ja-
loufe Medée, donne vne couronne à Creüfa qui

met le feu au Palais de Iason , & Deianeira enuoye à Hercule la Chemise fatale, qui le force de
se jetter au feu. Voila en quoy ils se rencontrent,
guidez de méme intention ; mais Alcide qui
auoit appris l'Astronomie, eut assez de force pour
porter le Ciel, aussi bien que le geant Atlas, &
cela signifie , qu'ayant apris de Chiron ou de
l'experience, l'Astronomie Inferieure ou la con-
noissance parfaite de la narure des metaux , il
conduisit son ouurage, à cette perfection, qu'il
en faisoit de l'or aussi parfait, que le mont Atlas,
le produit naturellement , ou bien que le sujet
Hermetique , étant grossierement & imparfai-
tement tiré du mont Atlas, il étoit conduit à la
perfection, par l'Artiste. Et de cette sorte Hercule
porte le Ciel , auec Atlas , puis qu'il acheue par
art ce que l'autre auoit commencé par nature.
Surquoy il faut remarquer que cette montaigne,
est occidentale à l'Egypte & à la Grece , & que
ce fut là où se trouuerent les premiers metaux,
méme au raport de Pline , & c'est ce qui a fait
dire que le Iardin des Hesperides étoit en lixe
dans la Mauritanie, où est le mont Atlas & que
apres la victoire des Dieux obtenuë sur les Geans,
par la valeur de Iupiter, le geant Atlas fut con-
damné à porter le Ciel, non pas pour sa hauteur, mais à cause de ses mines , & des metaux

qui font le Ciel des Philofophes Hermetiques.
C'eft ainfi que la Chymie dés fon commencement, fe fit vn Ciel en terre, & que les enfans,
de la fcience, ont fi bien cultiué, y ioignant
l'apparence des Aftres, & les conftellations, qu'ils
en ont dreffé vne apparente Aftronomie; mais
parce que le commun vfage des noms de fes
eftoilles errantes fut enfin attribué aux Panettes,
pour faire difference dans leurs écrits, de celles
de la terre, d'auec les Celeftes, ils inuenterent
des characteres fous lefquels ils comprindrent le
nom & la nature des metaux, & les Aftronomes, eftimant que ce n'étoit que pour euiter la
redite d'vne méme chofe, fe font feruis de ces
chiffres, fans en connoître l'intention. Mais il
faut voir à qui elles conuiennent mieux au Ciel,
ou à la Terre.

*Des Charact̄eres des Planettes, & premierement
du Soleil.*

CHAPITRE III.

E fut auec grande connoiſſance de cauſe, que les anciens Philoſophes feignirent que Cybele étoit mere des Dieux Chymiques, c'eſt à dire des metaux. Ils connoiſſoient parfaitement, la Nature & inclination de la terre, & ſa qualité coagulatiue & aſtringeante, en vertu de laquelle, elle comprime & époiſſit les autres elements, qui ſe trouuent méles auec ſa ſubſtance; la terre n'eſt pas ſeulement la matrice, en laquelle, les autres elemens agiſſent. Mais elle eſt elle méme, vn agent bien puiſſant, ainſi que montrent ſes effets: car ſi on conſidere qu'vne bien petite portion de terre, eſt capable d'époiſir, & de retenir vne grande quantité des autres elemens, on verra qu'elle ne patit pas ſeulement, mais encor qu'elle agit auſſi puiſſament que les autres, & que conſeruant ſon inclination peſante, elle a encore vne qualité qui donne aux plus legers vne conſiſtance ſolide; & cela

ſe

fe remarque fort clairement, dans tous les vege-
taux, & animaux, chez qui elle eſt la baſe & le
foûtien de la compoſition. Mais ſa puiſſance eſt
bien plus abſoluë deſſus les mineraux. C'eſt en
ceux là que toute la nature terreſtre domine, &
que l'inclination des autres elemens, eſt contrainte, de ſe ranger à celle de la terre, qui faiſant ſon action de la circonference au centre, ne
ceſſe de les engloutir, & méler dans ſa propre
ſubſtance, iuſques à ce qu'ils ſoient reduits ſous ſa
domination, & à quelque eſpece minerale, dont
la derniere fin eſt celle des metaux qui ſe treu-
uent plus ou moins parfaits, ſelon les diuers accidents qui interuienent en leur compoſition.
Mais la derniere & parfaite action de la terre,
finit au mélange de l'or, c'eſt en luy que les autres elemens ont tout à fait perdu le ſouuenir
de leurs inclinations, & que prenants celle de la
terre, ils ſemblent la ſurmonter à l'inclination
de l'époiſſiſſement, & à chercher le Centre de la
peſanteur. L'or fulminant en donne témoignage,
lequel ayant conceu quelques eſprits de Tartre,
lors qu'il vient a ſentir le feu, il reçoit ſon action
par l'eſprit vegetal, & forçant l'inclination du
feu, fait ſes efforts du haut en bas ; pour obeïr
à l'inclination de la terre, laquelle il ſuit encor,
lors que par la violence du feu, l'air qui eſt en

C

sa compofition , eft forcé de s'étendre , l'eau
fouffre le méme effet, & la terre eft contrainte
de les fuiure, & tous enfemble de fouffrir la fufion, qui ne leur ôte que la folidité en apparence , tout autant que dure la vigueur de l'agent
qui n'a pas fi tôt ceffé fon degré de chaleur, que
l'or reprend fa folidité naturelle, à laquelle tous
fes elemens fe portent, par vn action fi promte,
qu'on n'y peut remarquer, que la feule inclination terreftre, & c'eft cette Cybele , qui eft la
mere commune des Dieux , que pour cette raifon , les anciens ont feint montée fur vn Char,
trainé par des Lions, pour marquer que la terre
dompte la vigeur plus actiue des autres elemens. Sur cette intelligence les anciens Chymiques, dans l'inuention des characteres prirent la
figure circulaire, pour reprefenter les actions de
la terre, comme la plus capable , quoy que la
plus petite , & qui par cette merueilleufe cor-
refpondance de la circonference au centre, marque parfaitement l'inclination au centre de la
pefanteur , & à la condenfation. Mais à caufe
que tous les metaux ne font pas parfaitement
homogenes , & qu'ils different bien fort , tant
en leur mélange, qu'en leur decoction , ils ont
marqué ces diuers accidents, par des figures rectilignes, aufquelles on peut confiderer les ele-

mens, auec leurs inclinations naturelles, parceque la ligne droite n'étant qu'vne fluxion du
poinct, n'eſt auſſi qu'vne longeur ſans largeur
ny profondeur; & ainſi n'ayant qu'vne ſeule di-
menſion elle ſignifie la ſimplicité des elemens,
qui n'ont pas encore ſouffert la compoſition,
mais les figures rectilignes, ayants quelque mélange, diſent comme l'approche des elemens, par
vn ſimple attouchement, & qui n'étant pas dé-
terminez, à quelque eſpece, ſont encore dans la
force de leurs inclinations; ils ont neantmoins
reçeu quelque effet de la qualité principale du
genre, chez qui ils ſe font aſſemblez, laquelle ils
conſeruent, comme vne diſpoſition à l'eſpece
que les Philoſophes Hermetiques appellent ſecond principe, & qu'ils ont feint, en ce que
Cybele, quoy qu'elle aye la qualité generique,
n'enfante pourtant pas immediatement les metaux, mais Hyperion ſon fils étant cette diſpoſition premiere, engendre le Soleil & la Lune,
ou l'or & l'argent pour les parfaits metaux; Saturne le Cadet, produit le Iupiter, & cettuy-cy
comme plus éloigné de l'origine, eſt comme le
pere des autres imparfais. C'eſt pourquoy, l'or ou
le Soleil eſt le ſeul marqué par vn cercle, dont le
centre eſt viſible, comme en cette figure,
par laquelle ils veulent dire, que la terre

a pris l'entiere & parfaite domination, sur les autres elemens, qui tous ensemble composent vne
substance parfaitement homogene par vne liai-
son indissoluble, & tout ainsi que le cercle n'a
point de proportion entierement connuë, auec
les figures rectilignes, non pas méme auec son
diametre, ainsi l'or n'a plus de reuersion vers la
simplicité; & les elemens de sa composition sont
comme inseparables, en sorte que le feu ne peut
plus s'introduire pour en faire diuision. Il n'est
plus sujet à nulle sorte de corruption, les elemens étant enfermés l'vn dans l'autre auec vn
approfondissement si acheué, qu'ils ne sont plus
capables de diuorce. Le poinct qui est au milieu
du cercle, enseigne que l'or est comme tout visible, que l'interieur est comme l'exterieur, & le
dessous comme le dessus, ainsi que l'experience
le verifie. Car soit en la calcination, en la vitrefication ou plûtôt mélange auec le verre; car
l'or ne se vitrifie pas, & en la solution auec les
corrosifs, il a toujours vne méme couleur, ce
qui ne se rencontre pas aux autres, ainsi qu'il
sera dit en leur lieu, dont le dehors est d'vne
couleur, & le dedans d'vn autre, c'est à dire que
leur couleur exterieure differe de la radicale. Voyla comment auec beaucoup de jugement, les
Chymistes ont attribué le Cercle à leur Soleil,

qui ne peut conuenir auec le Soleil Celefte: car
la figure circulaire, ne luy feroit pas particuliere, tous les autres Aftres ayants ainfi que le Soleil vne figure ronde. Le centre vifible, luy conuient encore moins, & ne fe peut accorder auec
la force de fes rayons, qui nous empechent
méme de voir la fuperficie de fon corps, bien
loin de le voir iufqu'au centre ; & par ainfi ce
premier charactere exprimant parfaitement la
nature de l'or, & non celle du Soleil, l'inuention
fera reconneuë appartenir à l'Aftronomie inferieure, & fi dorfenauant les Aftronomes en re-
tienent l'vfage, ce fera toujours par vfurpation
fur la fcience Hermetique. Mais le Soleil dont
nous venons de parler, eft le fils d'Hyperion &
d'Æthra, & la Chymie en a vn autre incomparablement plus excellent, il fe nomme Orus, ou
Arroueris, chez les Egyptiens : Apollon, ou Bacchus chez les Grecs : fils d'Ifis & d'Ofiris chez
les premiers ; de Iupiter, & Latone, ou Semelé,
chez les autres: c'eft celuy-la qui eft pere d'Æfcu-
lape, qui tua le ferpent Python, & les enfans de
Niobé, & qui fe deguifa en Corbeau, pour euiter la furie des Geants; c'eft le vray conducteur
des Mufes, comme celuy de qui depend l'harmonie Hermetique, c'eft le laton de qui les Philofophes difent, le feu & l'Azot lauent ce laton,

& qui apres fon lauement, donne la ioye au patient Chymique, tant y a que c'eſt de ce Soleil,
& non du vulgaire que les Hermetiques ſe ſeruent pour l'œuure des merueilles.

De la Lune & de ſon Charactere.

CHAPITRE IIII.

BIEN que la Lune Chymique aye
quelques qualitez du Soleil , elle
n'arriue pas neantmoins à nulle de
ſes perfections , ſon corps eſt imparfait , tant au mélange , qu'à la
digeſtion , & les elemens dont elle eſt compoſée, n'ont pas tout à fait oublié leur inclinations;
beaucoup de choſes luy manquent, pour atteindre iuſqu'à l'exellence Solaire , comme la fixation , le poids & la couleur, & ſi elle a des vices
qui diſent que, quoy que Hyperion ſoit ſon pere,
ainſi que du Soleil, qu'elle eſt neantmoins fille,
c'eſt à dire imparfaite, & ſon humidité & ſa noirceur cachée montrent qu'elle eſt ſujette à vn
flux menſtruel. Quelques Autheurs ont dit qu'elle étoit gueriſſable; mais nonobſtant les efforts
des Sophiſtes Souﬂeurs, cela ne ſe peut faire que

par le secours de celuy, qui peut guarir toute la lepre metalique. C'est pourquoy les sages Hermetiques, connoissants sa nature, ont fait ce caractere. ☽ pour signifier ce qu'elle est, & dedans & ☾ dehors. Ces deux demy cercles de differente grandeur assemblez du conuexe au concaue, disent fort clairement, que la nature de la Lune est en sa premiere mixtion, de pure intention & proportion metalique, & que les seconds principes de sa composition, ont reçeu vne parfaite impression de la qualité minerale, marquée par la ligne courbe, sans qu'il y reste plus aucune idée de la simplicité elementaire. Mais son mélange est de double intention : la premiere est Solaire, dequoy elle a le corps, en quelque sorte, & la seconde moins pure, sont les accidens qui empechent, que le cercle ne se ferme, & qu'elle n'arriue à la perfection. Le moindre demy-cercle marque l'intention Solaire, & le plus grand l'impureté Lunaire, dont la substance heterogene empeche la parfaite condensation, & fait que la Lune a vn volume beaucoup plus grand, que le corps du Soleil, & ainsi n'étant pas paruenuë à sa solidité compacte, elle est comme arrétée en son progrez, comme signifie le Croissant, composé par ses deux demy-cercles. Les centres de ses cercles demeurent inconneus,

& les Chymiſtes ne les ont pas marqués, parce que la Lune, n'étant pas homogene, ſon interieur a grande difference auec ſon dehors, comme il ſe void, par les fleurs azurées qu'elle produit, & par la méme couleur, en ſa diſſolution par les eaux corroſiues, & méme en ſa vitrefication, où elle montre au iour, l'origine de ſon mélange radical: tout cela fait voir que ſon corps n'eſt pas fixe, & que ſi elle a aſſez de conſtance pour ne s'enuoler pas auec le fugitif Saturne, elle ne peut pourtant pas reſiſter à la voracité du loup, à l'aproche duquel elle s'en fuit de peur: le moindre ciment la détruit, montrant combien elle eſt volage, & les lignes noires qu'elle marque quaſi comme le plomb, aſſeurent qu'elle n'eſt pas bien cuite, & que le feu & les moindres eſprits corroſifs ſe peuuent introduire au plus profond de ſa ſubſtance, & y cauſer de la diuiſion. Voila ce que le charactere de la Lune Hermetique dit fort naïfuement, mais qui à mon auis, ne s'aplique pas bien à la Lune Celeſte: car ſon corps étant rond, & plus viſible que celuy d'aucun autre Planette, le cercle luy conuiendroit bien mieux qu'il ne fait au Soleil, & même le centre viſible ſignifieroit fort bien la nature de la Lune, dont les qualitez, & les influences ſont mieux connuës que du Soleil ny des autres Planettes,

&

& son corps plus sensiblement veu , & jusques
aux taches pretendües des Astronomes , qui sont
toute autre chose que ce qu'ils s'imaginent.
Toutefois , si ce charactere se peut accommoder
à la Lune celeste , ainsi qu'à la terrestre. Cela
n'empéche pas que l'inuention n'appartienne à
l'Astronomie Hermetique. Il y a vne autre Lune
qui est bien plus pretieuse à la Philosophie Naturelle, Iupiter est son pere , & sa mere Latone : elle est Vierge, & Vulcan ne peut rien sur sa pudi-
cité , elle à part a la ruyne des enfans de Niobé,
c'est la Diane chasseresse , qui punit Acteon de
sa curiosité. Mais nonobstant son desastre , les
Philosophes cherchent de la voir toute nuë.

De Venus & de son charactere.

CHAPITRE V.

C'EST de Venus issuë de la mer, &
des retranchements du Ciel, par la
faux de Saturne, que les Chymiques
pretendent marquer la nature par
cette figure compofée d'vne
croix & d'vn cercle par ♀ fait. Nous auons
dit au chapitre du Soleil, que leur intention

D

eſtoit de marquer par le cercle, la derniere action
de la terre, qui comprime de la circonference
au centre, les elements, qui ſe trouuent meſlez
auec ſa ſubſtance, & que par les figures rectilignes, ils ont ſignifié les elements ſimplement
aſſemblez; mais non encor mélez d'vne intention ſpecifique, l'vn & l'autre ſe rencontre en Venus, dont le meſlange eſt double, tout de méme que de la Lune: mais d'vne proportion beaucoup plus imparfaite. La premiere mixtion eſt
marquée par la croix, qui dit, les elements aſſemblez comme en la premiere diſpoſition, &
ſimplement approchez ſans beaucoup de meſlange. Et la ſeconde, marque vn autre meſlange par des accidents, qui troublent la premiere
harmonie, mais qui étant de beaucoup plus terreſtre, domine abſolument ſur la premiere mixtion, époiſſiſſant tout enſemble ce qui étoit
d'impoſition parfaite auec l'imparfaite, & la vertu coagulatiue de la terre prenant le deſſus, comprime toutes les parties de la compoſition, juſques au dernier effet de la condenſation, ce qui
eſt tres-bien marqué par la croix, ſituée au deſſous du cercle, diſant que le premier meſlange,
à été renuerſé par la force de celuy qui eſt venu
le ſecond : par le cercle, eſt ſignifié la forte decoction de Venus, en qui la Terre a acheué tout

l'époiffiffement, dont elle étoit capable, & ainfi elle fouffre vn grand feu deuant qu'étre fon-
duë, parce que la terre couurant les elements
legers, ils font fort tardifs à s'étendre, & prompts
à reprendre la folidité, mais cela luy procede, de
la ficité terreftre, des accidens furuenus, les premiers n'étans pas fi rebelles, ils s'enuolent &
abandonnent les feconds deuant leur fufion,
tellement qu'elle fe calcine toute, deuant que
de fe fondre fi elle eft expofée à la flame, ce qui
fait voir que nonobftant fa dureté, les inclinations des elements marquez par la croix, n'ont
pas perdu leur inclination, laquelle ils fuiuent, &
fe feparent du compofé en quelque forte, incontinent qu'ils fentent l'approche de quelque agent
de leur nature, comme il fe voit en ce que l'humidité feule eft capable de faire produire à Venus,
vne roüilleure verte, qui eft vne marque de ce
que les elements de fa premiere impofition n'ont
pas receu vn approfondiffement affez fort entre
eux, pour refifter à cette diffolution, qui fe
trouue fi facile, que la moindre humidité pon-
tique, reduit tout le corps en verdure, & ex-
pofant aux yeux ce qui étoit caché deffous la
couleur rouge, decouure combien ce corps eft
imparfait. C'eft pourquoy fon cercle n'a point de
centre vifible, pour dire qu'elle n'eft pas dans

ſon interieur, ce qu'elle paroît en ſon exterieur.
Mais l'impureté de Venus eſt pleine de malice,
exhalant de ſon corps vne odeur tres-mauuaiſe,
& ſa ſubſtance reduite en vitriol, donne des eſprits & vne huile, qui ſont ſi corroſifs, qu'ils ne
cedent en rien aux ſimples mineraux, ayant auec
ſoy vne qualité emetique ſi puiſſante, qu'il n'y
a point de vomitif qui egale ſes effets. Apres toutes ces belles qualités fort bien repreſentées, par
le charaĉtere de Venus, il n'y a pas grand apparence qu'il aye eſté inuenté pour marquer, la
Venus Vranie, dont la Nature eſt aſſez bonne
pour demander vn chiffre qui ſignifie quelque
ſorte de bonté, & ainſi les Aſtronomes qui ſe
ſont ſeruis de l'inuention Chymique, pourroir
bien, n'auoir pas entendu le myſtere qu'il cache,
ils diſent que c'eſt comme vn miroir, qu'ils donnent à Venus, pour agencer ſes cheueux, & étu-
dier ſon viſage, pour plaire à ſon bel Adonis,
ou bien à ſon Gendarme : mais cette croix eſt
vn peu incommode, & ſe trouue inutile, ou plûtôt empechante, à l'vſage du Miroir, & le cercle ne ſe peut bien appliquer à vne eſtoille, de
laquelle a peine voyons nous la moitié, comme
celle qui ne s'éloigne du Soleil, que de quaran-
te-huit degrez. Tellement que la croix ny le cercle ne peuuent conuenir à cette belle Planete,

& il faudra que les Aftronomes auouënt, que cela appartient à la Venus terreftre, & qu'ils n'en
peuuent retenir l'vfage, fans en étre obligés à l'A-
ftronomie Hermetique. Il y à vne autre Venus,
dans le Ciel Hermetique : mais elle eft chafte, &
Mars ne la careffe point, Vulcan n'y pretend rien,
c'eft elle qui annonce la venuë du Soleil, mais
toutefois apres que les amoureufes Colombes,
ont été le prefage de fa bien-heureufe arriuée.

De Mars & de fon Charactere.

CHAPITRE VI.

ARS eft le quatriéme des metaux,
qui a receu en fa decoction, les
derniers efforts de la terre, & c'eft
celuy de tous qui en participe le
plus, & qui eft le moins parfait, fa
difficille fuzion, femble étre vne marque de fa fixation, & au contraire, il n'y en a point de fi facile folution, la moindre humidité le roüille, &
le feu le détruit fans grande difficulté : c'eft pourquoy il eft prompt à changer ou perdre fa Nature:
Cette figure ♂ luy eft attribuée par les Philofophes Ch ymiques, le cercle pour la
méme raifon que Venus, mais la pointe

de fleche a vne intention toute particnliere , qui ſignifie non pas ſon vſage ordinaire pour toutes ſortes d'armes , mais pour dire que ſa compoſition étant par trop terreſtre & la diſproportion vn grand obſtacle à la liaiſon parfaite des Elemens, il n'a peu atteindre au poids ny à la douceur d'aucun des autres , & ainſi l'exces de l'vn des Elemens cauſe le prompt diüorce, & la fuite de ceux qui ſont legers, c'éſt ce que dit cette pointe de fleche, qui eſt vne marque encore de ſa legereté , étant celuy de tous qui eſt le moins peſant : mais nonobſtant ſes imperfections , il eſt de tous le plus vtile, & de qui on ne ſe pourroit priuer ſans incommodité. Son vſage eſt commun à preſque tous les Arts , & s'il n'étoit l'inſtrument de la guerre , on ne ſçauroit trop luy donner de loüanges. Sa nature eſt aſſez innocente , & ne s'accomode pas mal à toutes ſortes de complexions, dans ſon genre, il poſſede vn ſoufre que les Philoſophes ne rejettent pas, & pour le genre animal, il donne vn ſel tres-ſecourable à toutes obſtructions , & méme le ſeul crocus de Mars, eſt ſouuent employé par l'ordinaire Medecine. Etant comme cela tout remply de bonté, dont ſa figure ne dit pas le contraire, il n'y a pas grand apparence , d'appliquer ce charactere à l'eſtoille de Mars, de qui les Aſtronomes racontent tant de

mauuaifes qualités, & ainfi il demeurera à l'Aftronomie Inferieure comme fon Inuentrice, & qui a
l'intelligence de ce qu'il fignifie.

De Saturne & de fa figure.

CHAPITRE VII.

SI les trois Planettes, Saturne, Iupiter & Mercure, font examinées à la
rigueur, elles ne feront pas receuës
au rang des metaux. Saturne & Iupiter manquent d'ignition en la fu-
fion, & Mercure auec fa volatille fluidité, n'a pas
affez de conftance pour étre dit metal. Toutefois
ils ont affez d'autres qualitez, pour meriter ce titre, & fur tout le Vieillard Portefaux, qui rend des
feruices affez confiderables, au Soleil & à la Lune
pour étre receu en leur focieté. L'imbecillité de la
matrice, & les accidents furuenus, font caufe de
l'imperfection de Saturne, & de fa debile decoction: mais fon vice eft plus exterieur qu'interieur,
& n'empefche pas qu'il ne conferue affez auanta-
geufement la nobleffe de fon premier mélange;
l'air ny l'eau, ne peuuent rien fur fon corps, &
la roüille ne l'attaque point comme à Mars & Ve-

nus, & ſa peſanteur & douce moleſſe de ſa ſubſtance, ſont des marques ſuffiſantes de la bonne
intention de la Nature, à la premiere mixtion de
ſes élements qu'elle auoit aſſemblés trés-purs &
bien rectifiés, les joignant par vne complexion
parfaitement temperée, ſur leſquels la vertu minerale agiſſant, ſa force n'a pas eu aſſés de vigueur pour en faire vne entiere fixation, & ainſi
il eſt demeuré comme vne choſe ſeulement com-
mencée : & ſur qui l'eſprit metalique, n'a peu a-
cheuer ſon intention. C'eſt pourquoy les Philoſophes connoiſſent parfaitement ſa Nature, luy
ont donné cette figure ┼ ſignifiant par la Croix
cette premiere diſpoſi tion des elements,
approchés l'vn de l'au tre & joints par vn
ſimple attouchement, ainſi que le dit fort bien
la figure de la Croix, laquelle eſt compoſée de
quatre lignes droites, aſſemblées ſur vn ſeul poinct
de rencontre, & ſur lequel, elles font quatre angles parfaitement droits. Or ce poinct n'eſt rien
qu'vne ſimple rencontre & attouchement des lignes, & c'eſt pourtant cette rencontre qui cauſe la
figure, & ſur laquelle ſe font les quatre angles
droits. Tout de méme en la compoſition de Saturne, les elements ſont approchez & ſimplement
mélez, mais auec proportion ; cette proportion
n'eſt rien non plus que le poinct du rencontre en
la Croix

la Croix , c'eſt elle neantmoins qui cauſe l'harmonie, compoſée de ces elemens rectifiés & purs
marqués, par les angles droits, de la Croix. Sur
cette premiere mixtion , la vertu minerale a
commencé d'agir. Mais l'imperfection de la matrice, étant cauſe de ſa foibleſſe , elle n'a pas
cauſé de grands effets & la qualité ſtiptique de
la terre , n'a pas eu entiere domination ſur les
autres elemens , pour cella Saturne n'a qu'vn
quart de cercle , & encor ioint à la Croix , par
le côté gauche diſant le peu d'action que la
qualité terreſtre a fait ſur ſa ſubſtance, qui n'eſt
que la quatriéme partie, du pouuoir qu'elle a ex-
ercé ſur Mars & Venus, & ainſi la terre n'ayant
pas aſſez couuert les autres elemens , leurs
inclination ſont facilement éueillées par la chaleur, & de là procede la prompte fuſion du Saturne, & la diſpoſition , que ſes elemens ont à
faire diuorçe auec la nature minerale, pour cette
raiſon la Croix demeure droite & Superieure,
pour marquer que la premiere intention demeure encore la maîtreſſe, & que le mélange radical
eſt ſeparable de ſes accidents. Ce qui ſe trouue
veritable , en la facile calcination du Saturne,
extraction de ſon ſel, & reduction en eſprit ou
en huyle, par leſquels & par toute ſa nature, ſe
montre clairement l'excellence , de ſa radicale

ſubſtance tres bien ſignifiée par la Croix, figure
excellente , & grandement eſtimée , par les anciens Arabes & Caldéens, & ſur tout aux confi-
gurations celeſtes , étant toûjours prize pour
vne marque heureuſe & fauorable. Les Egyptiens l'eſtimoient encore d'auantage , & même
pour vne marque de tres grande excellence ils
la grauoient en la poitrine de leur Dieu Serapis,
cachants ſous cette figure les myſteres plus ſecrets de leur Theologie. Ainſi la Croix étant
vne marque de bonté s'applique heureuſement à
la nature de Saturne, à qui l'aage d'or tant chan-
té des anciens, n'étoit pas mal attribué, à cauſe de
ſa grande bonté, n'y ayant dans toute la nature
aucune choſe ſi amie de l'animal, ny qui ſympa-
tize mieux auec ſon temperament. La preuue en
eſt ordinaire , par les balles de plomb qui demeurent dans les membres , ſans empécher la
guerison des playes, & pour leſquelles il ne reſte
ny douleur ny accident. Tout au contraire des autres choſes , voire méme des eſquilles d'os du
méme animal, que la nature ne peut ſouffrir, &
iuſques à ce qu'elle aye tout chaſſé dehors, il n'y a
point d'entiere guariſon , mais pour le Saturne
elle ne fait nul effort , ils demeurent enſemble
comme amis ſans jamais faire de diuorce. Il y a
bien peu de bons emplâtres , où le Saturne ne

foit employé, foit en lytarge, cerufe, minium,
ou cendrée. Et fon fel a vne infinité de vertus tres-
excellentes. Il eft capable de guarir toutes fortes d'vlceres, & la lepre méme ne luy peut refifter. Il eft propre contre la Pefte, mais fon efprit eft vn preferuatif & remede infallible, tout
ainfi que fon huyle qui furpaffe de beaucoup les
vertus de l'efprit & du fel. En fin c'eft le Moly des
anciens, qu'ils ont tiré de Molybdos, & qui à ceux
qui s'en fçauent feruir, fait des merueilles en la
Medecine; les Egyptiens le peignoient auec vn
ferpent en la main, pour fignifier fa Nature me-
decinale, bien plus que pour marquer le temps:
le ferpent étant le vray hieroglyphique de la Medecine, pour cette raifon attribué à Efculape.
Il y auroit beaucoup de chofe à dire fur cette
matiere fi je voulois m'étendre : mais ne cher-
chant qu'à parler de l'origine des characteres des
Planettes, ce que j'ay dit fuffit pour montrer que,
le charactere de Saturne conuient parfaitement
à la nature du plomb, & nullement au Saturne
Aftronomique, puis que les Aftronomes mémes
difent, que c'eft vne Planette de nature maligne,
de qui l'influence & rencontre, caufent toufiours
de tres-mauuais effets. Ils l'appellent grande-in-
fortune, parce que là où il domine il caufe mort,
defaftre, & toute forte de defordre. C'eft pour-

quoy l'excellente figure de la Croix seroit mal employée, à marquer des choses si mauuaises : & cela fait voir que l'vsage du charactere de Saturne est vsurpé sur la Chymie : mais que les vsurpateurs n'en ont pas connu la signification.

De Jupiter & de son Charactere.

CHAPITRE VIII.

BIEN que le Iupiter Chymique, semble tenir beaucoup de la nature de Saturne , ils sont neantmoins d'vne complexion bien differente, & la bonté du pere , se treuue si changée en la substance du fils, que si Vulcan ne fend la teste à Iupiter, jamais l'excellente Minerue, ne découurira ses rares perfections : son premier mélange étoit de bonne intention , & doüé de toutes les excellentes qualités que la Croix signifie , mais les accidens suruenus , ont fait vne mixtion si mauuaise, qu'elle surmonte la bonté de l'imposition radicale. Elle n'est pourtant pas absoluement éteinte , mais elle est de tres difficile separation : car parmy cette compo-

ſition le mal ſe trouue méle parmy le bien , &
ce qui eſt mauuais, tient le profond de la ſubſtance & maîtriſe, ce qui eſt pur , qui ne peut
ſe faire connoître que par quelque blancheur
exterieure, qui le rendant plus net, & plus agreable à l'vſage que le Saturne, luy donne vn plus
grand prix. Mais ce qu'il a de meilleur, ſe trouue au côté gauche , & hors de tout pouuoir de
montrer ſes effets, la Croix s'y trouue placée,
comme le montre ſon charactere qui
eſt le méme que celuy de Saturne , ſa
feule diſpoſition, érant ſuffiſante , pour
dire , que la Croix logée au côté gauche marque
que les accidents plus puiſſants , ont pris la domination ſur la pureté radicale, & que l'action
minerale, marquée par le quart de cercle, plus
amië des accidents , a dominé l'inclination des
elemens purs , & ſe trouue la plus puiſſante, ayant
pris le deſſus en la ſubſtance de Iupiter. Ce n'eſt
pourtant qu'vn imparfait pouuoir , puis que la
facile fuſion ſe trouue à l'eſtain auſſi prompte
qu'au plomb ; & méme ces ſubſtances differentes , ne ſont pas bien meſlées : car le Mercure
pur, refuſe de ſe joindre auec l'imparfait. Que
s'il eſt contraint de ſouffrir ſon approche, ce n'eſt
que par contiguité : & le cry de Iupiter fait bien
voir, qu'il n'y a pas vne continuité parfaite en ſa.

E iij

compofition, & que chez-luy il y a du diuorce.
Ce qui fe verifie par fon mélange auec les autres
metaux, qu'il caffe & brife & caufe du defordre,
affez conneu, fans nous amufer a en faire le re-
cit. Cela procede de ce que la guerre étant parmy les elements de fa compofition, il ne fçauroit porter la paix chez les autres. Il ne peut pas
méme donner les effets des bonnes qualitez de
fa conception, étant abfolument inutile en la
Medecine. Il eft feulement quelque peu Hifte-
rique, mais c'eft apres que le jaloux de Mars a
été parricide, toutefois ce Forgeron des foudres
ne commet pas ce crime auec facilité; car Iupiter fe fert méme du feu pour defendre fa vie, &
fait en depit de Vulcan, ce que chofe du monde ne peut faire que luy. Tout ce qui eft dans
la Nature capable d'ignition fouffre l'action du
feu, auec quelque diminution de fa fubftance,
& l'or & le verre feuls peuuent fouffrir le feu
en conferuant leur quantité. Il n'y a que Iupiter
qui braue ce tyran, & fe mocquant de fon pouuoir, fe nourrit dans les flames, & la ou les autres
font detruits & fe diminüent au feu; luy tout au
contraire y augmente fon poids d'vne quantité
fort notable, l'experience fçait que dix liures
d'eftain, mis en calcination conduite felon
l'Art, l'operation acheuée, il fe trouuera vnze

liures de matiere ou bien pres , les Potiers en
fayance , donneront bon témoignage de cette
verité , dont la Philoſophie commune ne ſçauroit dire vne bonne raiſon. C'eſt ce que les anciens Philoſophes Chymiques ont caché , ſoubs
la feinte, que Veſta auoit pris ſoin de la nourriture de Iupiter. Et par ſon déguiſement en
feu pour l'amour d'Aſterie , peut étre auſſi
que la Salamandre Philoſophique prend part
à la fiction. Cette action eſt tres - rare & bien
conſiderable , mais ce qui en eſt la cauſe , eſt
cela méme qui produit les malicieux effets , de
nôtre Iupiter, tres bien ſignifiés par la figure de
ſon charactere, que quelques vns ont pris pour
trois foudres, pour dire encore plus expreſſement
ſes mauuaiſes qualitez , c'eſt pourquoy les anciens Hermetiques l'auoient armé de foudres , &
pour expliquer comment il s'en ſçauoit ſeruir , ils
feignoient les deſordres de ſon mélange par l'embrazement de Semelé, les larmes d'Acriſius, par
le ſujet de la ruine de Troie engendré en Leda,
& méme en ſa propre famille , n'épargnant pas
Alcmene, quoy que petite fille de Perſée. Et ainſi
ſoit que le charactere de Iupiter ſoit pris pour
trois foudres, ou que la Croix placée au côt gauche ; marque le contraire de ce qu'elle dit en
Saturne, il eſt toûjours bien inuenté pour ſigni-

fier la maligne nature de Iupiter Chymique; mais
tres mal appliqué au Iupiter celeste, belle & bonne planette, & que les astronomes apellent, *for-*
tuna major causant toujours du bien par tout où
il se trouue. Où il domine il n'y a que bon-heur,
& sa bonté a vn pouuoir si grand, qu'il corrige
méme les mauuaises influences de Saturne & de
Mars, enfin c'est l'Astre de douceur & de vie,
& c'est luy faire vne bien grande iniure, de luy
donner vn charactere de mauuaise signification.
C'est pourquoy celuy de Iupiter Chymique ne
luy appartient pas, & les Astronomes qui le luy
ont appliqué, ne sçauoient pas les mysteres qu'il
cache.

De Mercure & de son Caducée.

CHAPITRE IX.

CE T empressé messager des Dieux,
donne bien de la peine à l'Astronomie Superieure, tant pour connoître sa nature, que la bizarerie de ses
diuers mouuemens, l'embarras des
sept orbes que les Astronomes luy donnent, n'ar-
reste pas son inconstance, & tous leurs efforts
n'ont

n'ont peu trouuer vne connoiſſance fixe du procedé de ce volage. L'Aſtronomie Inferieure a des
ſophiſtes qui ne ſont pas moins occupez apres
le Mercure terreſtre, ſoit pour la grande pretention, ou pour quelque particuliere folie. Le frequent vſage du mot de Mercure parmy les bons
Autheurs, frappe l'oreille à ceux qui pretendent auoir des hautes connoiſſances, & l'opinion que le Mercure eſt le ſujet general des
Planetes, chatoüille l'eſperance de ceux qui
croient auoir de quoy luy couper les ailes & fixer ſa fluidité. Mais les vrais enfans Hermetiques qui ſçauent l'intention des Sages, en ce
mot de Mercure, & qui connoiſſent la nature de
l'argent-vif, font vne grande difference, entre le
Mercure philoſophique, & le vulgaire. Il eſt
vray que ce terreſtre fuyard a vne nature tres-
excellente, & que la premiere mixtion de ſes
elements eſt la plus parfaite de tous les metaux,
à laquelle il ne manque que cette colle qui lie
les parties de la compoſition, & leur donne la
ſolidité extenſible. C'eſt pourquoy le Mercure
connoiſſant ſa neceſſité, s'attache auec vne fort
grande auidité, à ceux qui poſſedent plus parfaitement cette colle, il ſe joint à l'or auec tant d'a-
mour qu'il le caſſe par ſes embraſſements, il en
fait quaſi autant à l'argent : mais pour le cuiure

comme fort imparfait , il n'a pas l'inclination fi
forte. Pour Mars , il ne le connoift pas, fi l'artifice ne luy montre , il n'en fait pas de méme à
Iupiter & Saturne , aufquels il ne s'attache pas
feulement ; mais il s'incorpore auec eux , d'vne
promptitude fort grande , & auec tant d'amour,
qu'à leur feule fumée, il s'arrefte. Car il eft fi impatient de fon imperfection, & fi enclin à prendre vne confiftance folide , qu'il contribuë tout
ce qu'il peut, pour aider les fophiftes à fa fixation. Ils s'abufent pourtant , & ne luy peuuent
donner vne folidité affez fixe , pour refifter aux
épreuues du feu, s'ils n'ont receu du Mercure
Hermetique, le moyen d'endormir tous les yeux
du vacher de Iunon. Ce fperme commun des
planetes terreftres, étoit peint par les anciens
auec vn Caducée, de quoy fon charactere retient quelque marque , que les Hermetiques
ayans intention de dire fa commune Nature auec
les metaux, ont fait en cette forte, ☿ le cercle fignifie que l'or a tiré fon corps ☿ de l'ho-
mogenée pefanteur de Mercure, le ☿ demy-
cercle & la croix , difent que la Lune , Venus,
Iupiter & Saturne , tirent leur origine du petit
fils d'Atlas, & qu'il ne tient à luy qu'ils n'ayent
la méme perfection que l'or : Mars pourroit bien
auoir quelque pretention au cercle , mais com-

me il n'adhere au fer qu'auec grand artifice, il
y a de l'apparence que ce n'eſt pas de l'intention Hermetique, qui n'a voulu marquer que
les inclinations purement naturelles, mais ce charactere ne peut étre appliqué à la nature incon-
nüe du Mercure planete, qui ſemble n'auoir
d'inclination ny d'amour que pour le Soleil ſeulement; duquel il ne s'éloigne juſques à la diſtance d'vn ſigne. Et ainſi ſon humeur n'étant
pas ſi indifferente, comme diſent les Aſtronomes, il luy faut vne figure moins compoſée que
le charactere Chymique. Toutefois que l'Aſtronomie s'en ſerue, puis qu'elle le trouue bon, cela
n'ôtera pas aux Hermetiques le droit de l'inuention; ny ne découurira pas les myſteres que les
ſerpens du Caducée cachent.

Du Systéme des Planetes Inferieures dans le Ciel Chymique , auec leurs correspondances & inclinations.

CHAPITRE X.

L ne suffit pas de connoistre la Nature des Planetes terrestres en leur particulier , il faut sçauoir quelles sont leur correspondances & inclinations , & voir ce quelles ont de commun, entre toutes generalement , & l'vne auec l'autre particulierement , c'est pourquoy les sages Philosophes Chymiques, accoustumez à parler de leur sujet sous les noms des Planetes , feignirent qu'elles étoient dans le Cieux rangées en cét ordre. Saturne étoit placé au plus haut lieu , Iupiter au second , Mars occupoit le troisiéme , le Soleil au quattiéme rang , Venus le suiuoit au cinquiéme , Mercure le sixiéme , & la Lune en la septiéme place tenoit le plus bas lieu , & affin de dire secretement leur intention aux enfans Hermetiques, ils firent cette figure.

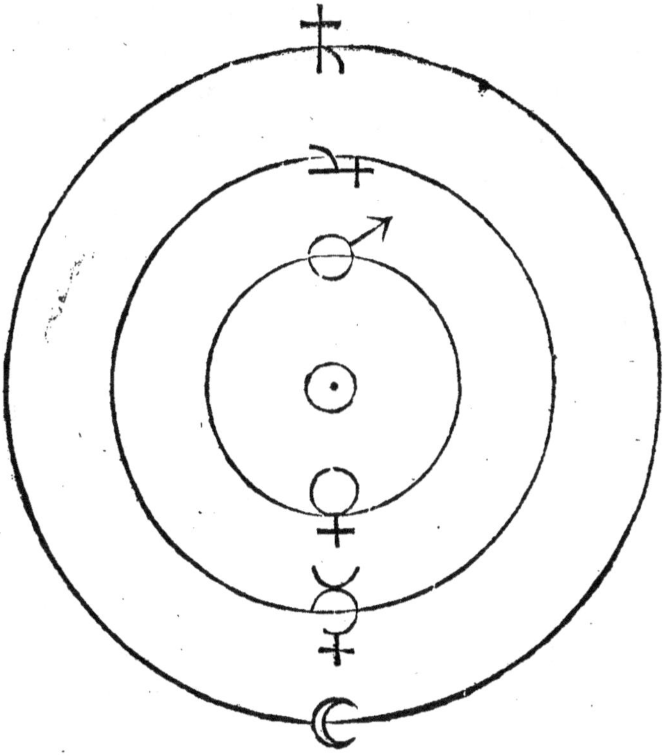

Où le Soleil tient le milieu occupant tout seul
le premier cercle, pour dire qu'il eſt non ſeulement l'vnique parfait, mais encore le centre
commun, & la ſemence radicale de tous les autres metaux, en quoy tous les bons autheurs ſont
d'accord diſant que l'intention de la nature, en
la premiere impoſition des elemens pour la com-

pofition des metaux , eſt toujours parfaite , &
dans le deſſein de faire de l'or , mais qu'elle eſt
détournée par les accidens qui ſuruiennent , tant
par l'imperfection des lieux, que par la debilité
de la decoction, qui ſont les ſeules cauſes des differences metaliques. L'Or à ſon centre viſible
pour les raiſons que nous auons dit au chapitre
du Soleil , & il tient le milieu, à cauſe de ſa ſolidité , & de ce que l'action minerale , qui ſe fait
de la circonference au centre , a fait ſur l'or tout
ſon dernier effort. Au ſecond cercle , Mars &
Venus, le fer & le cuiure, ſont placés & diametralement oppoſés l'vn à l'autre, Mars en la partie ſuperieure & Venus inferieure, ayant le Soleil
entre deux , pour ſignifier qu'apres le Soleil, ces
deux planettes ont reçeu le plus fort époiſſiſſement , & que la terre a fait en leur ſubſtance tout
ce que la vertu minerale pouuoit pour leur perfection , mais le parfait de la ſemence radicale,
qu'ils ont commune auec l'or , ſe trouuant mélé
auec l'imperfection des accidents, la nature minerale , n'ayant pas la faculté expultrice , pour
ſe décharger des ſuperfluités, eſt contrainte de
coaguler & d'époiſſir , tout ce qui ſe treuue au
mélange, & cela eſt cauſe de l'imperfection de
Mars & de Venus & des autres metaux. Le fer
& le cuiure ſont les plus proches de l'or , pour

dire que leur couleur, interieure à Mars & exterieure à Venus, eſt de méme race que celle du
Soleil. Ils ſont logés en méme cercle pour marquer leur commune nature, qui ſe voit par le facile changement du fer en cuiure, Mars eſt ſuperieur à Venus pour dire que tout; ainſi que les
influences des planettes ne montent pas ainſi la
perfection des metaux s'acquiert en deſcendant,
& que ſi Mars veut acquerir quelque beauté, il
faut qu'il deſcende iuſqu'au lieu de Venus, &
prenne vne conſiſtance, & volume plus reſerés,
qu'il quitte ſon terreſtre maſque, & découurc
cette rougeur interieur, pour prendre méme viſage que Venus, auec laquelle il a tant de correſpondance, que les anciens ont feint que l'harmonie naiſſoit de leur intelligence, qu'ils con-
tinuënt nonobſtant la jalouſie de Vulcan, qui ne
gaigne rien de les enlacer de filets, pour les
montrer aux Dieux, & leur en faire honte, car
tant s'en faut, ils voudroient quaſi tous étre dans
le méme piege. Iupiter & Mercure occupent le
troiſiéme cercle oppoſez l'vn à l'autre, l'étain ſuperieur & Mercure inferieur, & cela ſignifie la
commune nature & correſpondance de ſes deux
planettes, que les anciens ont feint ſous la fable
de Iupiter & Maja; c'eſt pourquoy ils s'embraſ-
ſent auec vn grand amour agiſſant reciproque-

ment, l'vn en l'autre, mais quoy que Iupiter ſoit
pere , Mercure a neantmoins quelque choſe de
plus excellent que l'étain , qui ne peut l'acquerir, ſans décendre de ſon Trône, & ſe deſarmer
de ſes fcudres ; alors ſe trouuant en méme lieu
que Mercure il aura vn corps plus peſant & ſe
trouuera déchargé du vice de ſes accidents , &
de toute ſa malignité, beaucoup plus eſtimable
& pretieux qu'en la nature de l'étain. Mais ſi Iupiter veut pretendre à la perfection du Soleil, il
faut qu'il paſſe par la Sphere de Mars , & qu'il
y prenne la couleur & la conſiſtance ſolide, auec
l'ignition deuant la fuſion , que ſi Mercure pretend au méme honneur, il faut qu'il careſſe Venus: mais c'eſt Venus vranie, & non pas la terreſtre, de laqulle il ne peut receuoir aucun ſecours.
Saturne auec la Lune ſont ſitués au quatriéme &
dernier cercle , oppoſez l'vn à lautre : que ſi le
vieillard tient le haut bout, ce n'eſt pas vne marque de perfection, au contraire il luy faut beaucoup de peine, & faire vn grand chemin, pour
arriuer à la dignité de la Lune, quoy qu'il ne s'en
manque pas beaucoup qu'il n'aye vn méme corps,
puiſqu'ils ont preſque toûjours vne matrice commune, & qu'il ſe trouue bien peu de mines d'argent, ſans mélange de plomb, s'il s'en treuue de
Saturne ſans Lune, ce n'eſt que le deffaut de la
deco-

decoction , dont la situation du lieu , en est la seule cause, l'vn & l'autre sont de méme imposition mineralle : ce qui se verifie par le plomb, qui ayant demeuré fort long temps exposé à l'air, se conuertit presque tout en argent, il y a méme des autheurs qui asseurent que cette conuersion est au pouuoir de l'art. Mais si ce melancolique pretendoit à la gayeté du Soleil , il luy faudroit acquerir la pureté du Mercure , radical de Iupiter, & la decoction de Mars pour la couleur, il en a asses, ainsi qu'il paroit en sa calcination. Et si la Lune a le méme desir, qu'elle attende le secours d'Apollon, qui peut guarir son mal, & la lepre des autres. Voila le Systeme Chymique, & l'intention des Philosophes en l'ordre des Planetes, que Ptolomée a vsurpé, l'appliquant aux Planetes celestes , surpris de l'apparence que l'inuention fut pour les Cieux, & les estoilles errantes. Aristarque y a trouué quelque chose qui s'accomode à son vertige, & Ticho-Brahé méme, en son imagination, que le Soleil est le centre de la circulation des autres Planetes , excepté que la Lune, y a trouué quelque lumiere. Mais ayant suffisament prouué en l'introduction au Systeme naturel du monde, que le Soleil est superieur à tous les autres astres tant fixes qu'errantes , l'Astronomie Inferieure demeurera en possession du

G

Syſteme de ſon inuention, dans lequel ceux qui ſçauent ſon langage , trouueront fidellement écrit, la nature, inclinations & correſpondance des Planettes Chymiques.

De l'intention Chymique, en l'inuention, & ordre des deuze Signes du Zodiacque Hermetique.

CHAPITRE XI.

PARMY les qualités neceſſaires au Philoſophe Artiſte, la connoiſſance eſt ſi requiſe, que ſans elle tout le trauail eſt inutile, ce que les Hermetiques cherchent, l'hazard ne le peut découurir, & cette connoiſſance eſt ſi abſoluëment prealable, qu'à ſon defaut pluſieurs ont trauaillé long-temps ſur la vraye matiere, ſans nulle auance à leur deſſein. C'eſt pourquoy tous les Philoſophes ont cherché de connoître la Nature de leur ſujet, plûtôt que de s'engager dans vne ſi penible pratique. Ainſi le Calaſiris d'Heliodore apprend l'origine de Cariclée, décrite dans le tiſſu, deuant que de ſe reſoudre à fauoriſer Theagene, à ſon enleuement & à ſa fuite, & il eſtime tant le ſecret qu'il y trouue,

qu'il affeure à Gnemon, qu'en ayant la connoiffance, il aura vne chofe plus precieufe que tout
l'or & l'argent du monde. Polyphile fe conduit
de la forte , entrant dans le coloffe de bronze,
où il découure les plus fecrettes qualités des metaux, & apprend la Nature; tant des mols , par
Iupiter , que des durs par Venus ; qui font les
deux qui entrent en la compofition de la bronze, & méme il y decouure la blancheur, & rougeur neceffaire à l'œuure. S'étant ainfi rendu
fçauant, il entre dans l'Elephant, & y voit le Roy
& la Reine : à fa fortie, le Dragon luy fait peur,
& le contraint heureufement de fuyr dans l'ob-
fcure grotte, d'où aprés plufieurs tranfes mortelles, il découure le jour qui le conduit dans
la felicité. C'eft pour la méme raifon que les premiers Chymiftes ont commencé par la connoiffance de leurs Planetes, tant de leurs particulie-
res qualitez, que de leurs correfpondances, qu'ils
ont fecrettement & fidellement décrites par leur
Characteres ; & par la fituation qu'ils leur ont
donné dans le Syftéme Hermetique , affin que
le Philofope étant fourny des lumieres neceffaires, peuft commencer & conduire heureufement
fon entreprife. Cette expedition étant tres-diffi-
cile, ils ont encor fecouru l'Artifte , par vne fi-
delle peinture, des douze principales operations,

G ij

ſoubs la feinte des douze ſignes du Zodiac, en
la nature & figure deſquels , ils ont naïfuement
expliqué ce qui eſt neceſſaire en tout ce grand
ouurage. Ils ſe ſeruent des qualités des Planetes
celeſtes pour marquer les preparations , alterations , & progrez de leur grand Elixir , en leur
aſſignant diuerſes paſſions dans les ſignes , aux
vns elles dominent & ſont exaltées , & aux autres, elles ſont en detriment & en cheute , ſelon
les diuerſes diſpoſitions de leur ouurage. Mais
parce que les Philoſophes ont trois principes,
qui ſont les pieces de leur compoſition (quoy que
tirés d'vne ſeule matiere) que les anciens ont appellé Soleil , Lune , & Mercure , ainſi Triſmegiſte dit, le Soleil eſt le pere, la Lune la mere,
le Vent l'a porté dans ſon ventre, (aux entendus
ce Vent ſignifie Mercure) ils font ſuiure ces trois
principes l'vn l'autre, par tous les douze ſignes,
auec méme fortune, mais ſoit en bien ou en mal,
Mercure eſt toûjours le dernier. Pour mieux expliquer leur intention , ils ont diuiſé les douze
maiſons , en quatre ternaires , en chacun deſquels l'Elixir reçoit des changements notables.
Au premier ils diuiſent leur matiere, & ſeparent
les élements pour leur donner vne rectification
parfaite. En Aries le Soleil eſt exalté, & la Lune
au Taureau ; & Mercure en Gemini eſt en ſa pre-

miere maiſon. Au ſecond ternaire, il faut aſſem-
bler ce qui a été diuiſé, & parce que cela ſe fait
en l'élement humide, la Lune va la premiere, &
domine en l'écreuiſſe, & le Soleil au Lyon, Mercure qui les a ſurmontez tous deux, eſt exalté
& domine en la Vierge, en laquelle finit tout le
pouuoir des trois principes, parce que de leur
compoſition il ſe doit faire vne choſe incomparablement plus excellente. Ainſi au troiſiéme
ternaire, le Soleil eſt le premier abbaiſſé en la
balance, la Lune au ſcorpion; & Mercure
tient bon juſques au ſagitaire, où en fin il reçoit
du domage. Il reſtois encor en l'Elixir quelque
idée de la nature des principes. Mais elle eſt tout
à fait éteinte dans le dernier ternaire : la Lune
eſt detruite au capricorne, le Soleil au verſeau;
& Mercure plus mal-traitté eſt en cheute & dé-
triment au ſigne des poiſſons, ou ſe fait la concluſion de tout l'ouurage, dont l'entiere deſcription ſe verra aux quatres chapitres ſuiuants, à
chacun deſquels nous parlerons de trois ſignes,
pour ſuiure l'ordre & l'intention Hermetique.

Des signes du Mouton , du Taureau,
& des Gemeaux.

CHAPITRE XII.

AVANT que d'entrer dans les preparations Philosophiques, il faut
auoir expedié les premieres plus
grossieres, desquels les Philosophes
n'ont jamais rien écrit, elles sont si
vulgaires que ce n'est pas la peine, d'en donner
la methode , & tant soit peu que l'artiste con-
noisse son sujet, il sçaura assez ce qu'il faut prendre, & ce qu'il faut laisser , supposé donc que le
premier trauail soit depeché , il faut mettre la
matiere Chymique dans le chemin de la grande
perfection, & comme les premieres operations
l'ont dépouillé de ces accidents plus grossiers, il
faut qu'en Aries, elle soit déchargée , des accidents internes, & que cette semence Solaire soit
renduë libre; que le Soleil soit exalté, & conduit
au point de sa naturelle excellence, & enfin que
le sujet Hermetique aie les qualitez du Mouton, qui de tous les animaux est le plus doux, le
moins nuisible & le plus patient : tout est bon en

luy, & ny a rien de mauuais ny d'inutile ; fa chair
eft de bon goût & d'vne nourriture innocente ;
fa peau eft vtile, & la laine encore plus, fa fien-
te eft medicinale & fert à engraiffer les terres, &
fes entrailles méme feruent à l'Harmonie. Ainfi
la matiere Philofophique, apres étre deliurée
des chofes étrangeres, a les mémes qualités que
le Mouton, pour ce qui eft de la bonté ; n'ayant
rien en elle qui ne foit tres excellent & vtile,
tout ce qu'elle produit voire méme fa fueur, rend
des effets merueilles, c'eft ce Mouton Chymique, de qui étoit tirée la Toifon d'or caufe du
voyage de Iafon en Colchos & de qui a été tiré,
fans doute le fujet de l'inftitution, de ce grand
ordre de la Toifon par Philippe le Bon, Duc de
Bourgoigne, & qui maintenant eft celuy dont
le Roy d'Efpagne, honore ceux qu'il eftime. La
laine & les couleurs employées par le Duc à la
premiere ceremonie, font de grandes conjectures que fon intention regardoit plus la Toifon
de Iafon que celle de Gedeon, & le fuzil joint
auec la Toifon difent autant que le feu & l'azoth,
des Philofophes. Le charactere d'Aries fert encore pour marquer qu'il faut ouurir   le cercle metallique, comme cette figure ♈ & reduire la matiere, a vne confiftance   moins
rebelle, en conferuant toutefois cette intelligen-

ce mineralle , & terreftre , que Trimegifte dit *la terre eft fa nourriffe.* Mais cela fe faira à l'aide de Mars qui eft en fa maifon, affez puiffant, pour detruire & mettre bas , la ficcité froide , de Saturne , il faut encore paffer plus auant , au detriment de Venus , detruifant l'efpece accidentale qui couuroit la matiere , afin de la mettre en état, qu'elle n'aye rien en fa fubftance, que les purs principes Chymiques, afin que dans la tefte d'Aries , fe trouue *deltoton*, ou les trois eftoilles du triangle celefte ; ou le fel, foufre & Mercure les trois aftres Hermetiques, & que tout foit difpofé aux labeurs du ruminant Taureau.

La premiere ouuerture du cercle metallique, laiffe encore beaucoup de folidité à la matiere, par le pouuoir que Mars auoit en Aries. Mais au Taureau, fa puiffance eft detruite, & la Lune fe trouuant exaltée , aidera le Philofophe au grand trauail qui fe trouue en ce Signe, car c'eft icy qu'il faut que Iafon mette fous le joug le Taureau , pour labourer la terre, & que par le labeur ioint auec l'induftrie, on ramene le fujet Hermetique à fon veritable principe, & dans lequel fe trouue le Soleil & la Lune marqués par le cercle & demy cercle de ce charactere ♉ , que les fages ont apellé Taureau pour dire qu'il y aura beaucoup de peine à domter la maffiue siue resiftance de la matiere, & qu'Hercule aura grande fatigue à vaincre Acheloüs. C'eft le bœuf Apis des Egyptiens, qui a la marque blanche au front, & le refte du corps noir, & la figure de l'Efcarbot fur la langue, qui difent qu'en ce fujet, fe trouuent les deux grands luminaires Chymiques, & qu'il a en foy la femence perfe-ctiue ; mais il faut reculer, comme fait l'efcarbot en roulant fon ouurage, & comme font quel-ques Taureaux qui paiffent l'herbe en reculant, parce qu'il faut reduire la matiere en confiftan-ce humide, a quoy les Plejades fe trouueront fauorables ; & leur nombre pour l'effet de l'hu-midité, n'eft pas ordonné fans myftere. Electra ne paroît pourtant pas, de colere qu'elle a con-tre Venus, qui feduifant Paris, eft caufe de la rui-ne de toute la famille de Dardanus fon fils ; mais Venus n'y prend pas garde, car elle eft fi occu-pée en fa maifon, pour conferuer la vertu gene-ratiue, en la folution Philofophique, qu'elle ne regarde pas feulement fon fauori gendarme, qui perd fon pouuoir fur la folidité, par l'entiere li-quefaction du fujet Hermetique.

C'eft à Mercure qu'appartient le gouuerne-ment, de la folution déja faite, & c'eft en fa maifon que la diuifion des elemens s'acheuera, car c'eft luy qui eft la regle & conduite des au-

H

tres deux principes , & caufe de leur perfection:
de luy depend l'affemblage Harmonique , puifque dans fon enfance, il inuenta la Lyre, par la
rencontre d'vne Tortuë morte , fur laquelle il
agence, les boyaux des vaches derobées à Apollon , & de qui apres leur accord fait , il reçoit la
verge d'or, qui fera le Caducée, lors que les deux
ferpens y feront ajoutés , par la diuifion des
elemens Chymiques , en fixe & volatil , fec &
humide : mais quoy qu'il y aie quatre elemens,
il n'y en a que deux qui paroiffent en veuë, l'eau &
la terre; les deux autres font cachés : l'air dedans
l'eau ; le feu dans la terre ; ce que la figure de
Gemini fignifie ; dont les quatre lignes
difent les elements ; les deux plus longues l'eau & la terre ; & les deux petites l'air & le feu couuerts des deux elemens vifibles , qui font Caftor & Pollux , de qui la vie
alternatiue dit la differente puiffance des deux
ferpens , dans cette diuifion d'elemens, qui eft
vne efpece de mort. Iupiter aftre de vie a fa
puiffance detruite , en ce figne, où Mercure eft
le maiftre abfolu , fans toutefois qu'il nuife aux
luminaires des Philofophes : au contraire c'eft
par luy qu'ils font menez à vne pureté tres parfaite. Voila comment les fages Hermetiques,
ont depeint la grande folution , feparation , &

rectification de leurs elemens, fous la feinte de ces trois fignes, & de leurs characteres, dont l'inuention s'applique naïuement à l'intention Chymique. Mais il n'ont point de raport aux imaginations Aftronomiques. Il n'y en a point auec le Mouton & la turbulence de Mars, la fougue du Taureau ne conuient pas à la douceur d'Auril, & fi Gemini s'accorde auec le mois de May, fon charactere ne marque pas deux Gemeaux, non plus que les deux autres vn Mouton ny vn Taureau, & ainfi la vraye intention & l'vfage des trois fignes décrits appartiennent à la feule Aftronomie Inferieure.

De l'Ecreuiffe, du Lion, & de la Vierge.

CHAPITRE XIII.

IL faut retourner fur fes pas & prenant la demarche de l'Ecreuiffe, faire fon chemin en reculant, & fi le Philofophe a trauaillé à feparer les elemens, pour les mieux netoyer du vicieux mélange des accidens, il faut maintenant qu'il compofe ce qu'il a diuifé, mettant enfemble le fec auec l'humide, le volatile & le fixe, les deux oyſeaux d'Hermes, ou plûtôt les deux ſerpens qu'Hercule étoufe dans le berceau, & que les ſages ont iudicieuſement peins en cette figure,　　　qui reſſemble bien mieux à deux 〇　〇 ſerpens qu'à vne Ecreuiſſe. Ils tiennent　　　de la ligne courbe, ſignifiants que les elemens diuiſés ſentent encore la nature metalique, tres bien marquée par le ſerpent, qui de tous les animaux eſt le plus peſant à proportion de ſa grandeur ; qui eſt le plus froid ; qui vit & demeure dans la terre ; & rampe deſſus de toute l'étenduë de ſon corps, ainſi la ligne courbe dit fort bien, que la matiere n'a pas oublié le lieu de ſa naiſſance ; les inclinations des principes ſont pourtant diuiſées, & le combat ſera grand entre les deux Dragons : car l'vn veut voler, & l'autre l'en empeche, l'vn veut diſſoudre, l'autre veut époiſſir, l'humide s'élargit, & la terre ſe ſerre. Mais enfin le ſec ſera vaincu par l'humide, parce que la Lune étant en ſa maiſon, auec le ſecours de Iupiter qui ſe trouue exalté au Cancer, l'vn donnant la chaleur ; l'autre l'humidité, détruiront la froide ſechereſſe de Saturne, qui s'y trouue en detriment, & mettront à bas la ſiccité aduſte de Mars, qui eſt en ſa cheute, au méme ſigne ; & ainſi Iupiter & la Lune, par vne douce tempe-

rature rendront la vie qui auoit été comme
éteinte, en fa diuifion des principes. C'eſt en
ce figne que commence la myfterieufe folution
des Philofophes, cachée fous la nature de l'E-
creuiffe : en qui la Lune montre parfaitement,
le pouuoir qu'elle exerce, fur la fubftance humide ; car à proportion que la Lune nous donne fa lumiere, l'Ecreuiffe augmente ou diminuë,
fi la Lune eſt en l'oppofition, l'Ecreuiffe eſt rem-
plie, & en la conjonction ce n'eſt que viande
creuze. Mais elle a bien plus de raport à l'intention Chymique. La premiere eau celefte doit
étre viue, claire, & en petite quantité, parce
que l'exces noye, & gâte tout l'ouurage, & la terre bien defechée, & purgée de cette bourbeufe
fubftance, qu'Hermes appelle mort. L'Ecreuiffe
frequente les petits ruiffeaux d'eau viue, claire &
nette, & qui paffent parmy des terres pierreufes
& garnies de cailloux. L'eau Philofophique,
quoy que fubtile & claire, a grande inclination
à l'époiffiffement, & à la ficcité. L'Ecreuiffe vi-
uant dedans l'eau la plus viue, a vne écaille fé-
che, & fa chair tient bien plus du fec que de
l'humide, l'impofition de l'eau, fur la fubftance
feche doit étre faite auec proportion, que les
fages, ont bien marquée par le nombre des jambes, & de la queuë de l'Ecreuiffe, fous laquelle

elle porte fes œufs attachez à de petits filets, qui dit encore, la queuë du Dragon , qui eft le principe humide & qui doit engendrer, nourrir, & produire le precieux Elixir. Enfin dans l'Ecreuiſſe Celefte, l'Aftronomie Inferieure a logé les Afnes dont Bacchus fe feruit pour trauerfer les eaux, qui l'empechoient d'aborder le Temple de Dodone ; & cét animal groffier qui porte le bon pere Liber , eft vn vray Hieroglyphe de la rude matiere , dont l'habit méprifable cache vn ioyau precieux. C'eft encore au Cancer que fe trouue la grande Canicule : mais parce que cette conftellation eft hors du Zodiac, quoy qu'elle foit du myftere Hermetique, nous n'en parlerons pas. Par la grande folution des principes Chymiques, au domicile de la Lune , s'eft engendré ce fier Lion de Citheron, que les fages ont feint étre tombé du cercle de la Lune, & qu'ils ont fignifié par ce charactere, non pas pour marquer vn Lyon mais pour dire, ♌ que les deux ferpents fe font reduits en vn ; que l'humide a deuoré le fec ; & que du tout s'eft fait le Lyon verd des Philofophes ; de qui la vigoureufe chaleur a dechiré & deuoré tout ce qu'il y auoit de folide, dequoy il eft venu fi fier , & furieux, que les plus hardis en ont peur : car fes dents & fes griffes font également dan-

gereufes. Ainfi le fujet Hermetique, poffede vne
vigueur, qui femble inuincible, rien de folide
ne luy refifte, il deuore & digere tout, fa promptitude eft merueilleufe, & le Philofophe trem-
ble en traitant ce paffage, tant il craint d'irriter cette fiere liqueur, depuis qu'elle a englouti
la fubftance terreftre, & que le Soleil au figne
de Leo, qui eft en fon domicile, a tellement
échaufé, que Saturne en detriment ne peut par
fa froideur, temperer fa chaleur, ny moderer fa
fougue. C'eft pourquoy les Chymiques ont appellé cette operation, le figne du Lyon, pour
fignifier par la nature de l'animal, les qualitez
de leur Azoth. Le Lion, en naiffant, déchire la
matrice de fa mere, qui à caufe de cela, n'en peut
plus faire d'autre, & pour tirer l'Azoth de la matrice où il auoit été formé, il la faut dechirer &
détruire, en forte qu'elle n'eft plus propre à
femblable portée. Ainfi le fujet eft vnique, fuiuant le fentiment d'Hermes, & des meilleurs
Autheurs. Le Lion a les os fi folides que par
leur collifion on fait fortir du feu. Les principes
Chymiques eftant joints en ce figne, on peut
dire que de la terre qui eft comme les os du
Lyon, par la collifion, ou combat des autres
elemens, fortira le feu Phylofophic, qui doit
meurir, & mener le compofé à fa perfection.

Déja il commence d'agir, & par son excés, cause la fiévre ordinaire au Lyon, qui fait faire à
son charactere, des contorsions qui semblent le
disposer à vne autre figure.

Apres que le Soleil & la Lune ont eu leurs
auantages, Mercure aura les siens, & les faisant
souuenir qu'ils ne font rien sans luy, il leur fera
trouuer bon de prendre logement au signe de
la Vierge, non pas pour dominer, mais comme
simples hostes : car Mercure exalté se trouuera
si puissant dans sa propre maison, qu'il n'y aura
que luy seul qui paroisse, les deux autres principes
n'ayant plus de credit. Apollon est déja désar-
mé de ses fleches, & Venus méme est cheute au
signe de Virgo ; parce que en cette action, les
elements se disposent à reprendre leurs inclinations, & renoncer à l'alliance qu'ils auoient con-
tracté. C'est pourquoy ils passent tous en la consistance du Mercure volage, qui est maintenant
celuy que Raimond Lulle appelle exuberé contenant en soy le Sel & le Souphre, en sorte
qu'on peut dire de luy ; *est in Mercurio quidquid
quærunt sapientes.* Enfin il est le maître : car Iupiter étant en detriment, & Venus abaissée, la vie
& la generation sont éteintes, & tout à fait sub-
mergées dans la fluidité Mercurialle, en laquelle les elemens sont si subtilisez, qu'ils ne tiennent

nent rien plus de la compofition accidentale'
étant purs & étendus à la fimplicité de premiere intention : ce qui eft bien marqué par la
pureté de la Vierge , & par fon charactere
où les trois lignes droites difent l'eau,
l'air & le feu ; & la ligne recourbée la
terre ; tous quatre ioints enfemble , par
la partie Superieure , mais parce que Mercure,
a inuenté la Lyre , & que l'Harmonie depend,
de fa conduite , la figure de Virgo , dit encore
mieux la proportion du mélange Chymique,
car les trois lignes droites font les trois pommes
d'or qui amuzent la legere Athalante, marquée
par la quatriéme ligne , pendant qu'Hypoma-
nes en pourfuiuant fa courfe, emporte la Victoire, mais qui luy fera fort funefte, par le peu de
refpect qu'il porte au Temple de Cybele, tout
de méme, en ce figne, la piteuze Erigone qui
fe pend affligée de la mort de fon pere , eft vn
mauuais augure, qui femble prefager du defordre , au figne de Libra. C'eft ainfi que par les
fignes & par les fictions , les Aftronomes Inferieurs ont caché les démarches & operations
de leur grand Elixir, qui font pourtant affez
intelligibles à ceux qui entendent leur langage
myftique, les noms, les figures & la nature des
chofes étant fidellement & naïuement appliquées

à leurs intentions ; ce qui n'eſt pas de méme en l'Aſtronomie Superieure, qui auroit bien de la peine de faire rencontrer à l'intention des Aſtres, les ſignes de l'Ecreuiſſe, du Lyon, & de la Vierge ; tant en leurs characteres, qu'en leur qualités naturelles.

De la Ba'ance , du Scorpion , & du Sagittaire.

CHAPITRE XIV.

Vsqves icy le Soleil, la Lune, & le Mercure des Philoſophes, auoient conſerue leurs naturelles qualitez, étants tous glorieux d'auoir repris leur liberté, & d'étre tirez de la rude priſon des accidents groſſiers, où ils auoient été fort long temps enfermez, ils auoient meme reçeu de grands honneurs, par les maiſons du Zodiac Inferieur où ils auoit paſſé, & s'étans tous aſſemblez chez Mercure, ils étoient fiers de ſe trouuer ſi clairs & ſi ſubtils. Mais l'artiſte Philoſophe qui ſe propoſe d'en faire quelque choſe de bien plus excellent, ne s'arréte pas à la diſſolution, & pour obeïr à l'Oracle qui dit *Solue coagula*, apres auoir diſſout ſes principes, & reduit

en substance Mercurialle , il veut coaguler , &
faire terre, ce qu'il auoit fait eau, parce qu'Hermes enseigne , *que sa force est entiere , s'il est
tourné en terre.* Pour paruenir à son dessein , il
faut qu'il tache d'introduire la corruption , &
faire que par l'entiere absence de la forme premiere , il s'introduise , vne forme plus noble.
C'est pourquoy il s'auance au signe de Libra ,&
commet son affaire à la conduite de Saturne,
qui s'y trouue exalté, & commence de corrom-
pre le composé, excitant vn grand trouble parmy les élemens , pendant lequel il tranche de sa
faux, tout ce qu'il y auoit de la premiere complexion, affin que par la maxime *Corruptio vnius est
generatio alterius* , le composé reçoiue vne nouuelle forme : en fauorisant ce dessein , Venus se
trouue logée en la Balance son second domicile , où elle contribuë son pouuoir pour la generation attenduë , sans considerer que Mars s'y
trouue en detriment, par la ruine du Sel Mar-
tial, dont la nature fixe ne le garantit pas de la
corruption , que le bon regime du feu gouuer-
né par l'artiste , a si bien auancé, que le Corbeau , qui est placé en ce signe, en a senti l'odeur:
le voila qui montre sa noirçeur , dont la lumiere
du Soleil, est tout à fait Eclipsée , & par sa cheute en Libra, tout y est en tenebres. Cela n'affli-

ge pas le sage Philosophe : au contraire il en est
tout joieux sçachant bien que le noir precede la
blancheur, & que le Corbeau est le principe de
l'art. C'est icy où se fait l'embrion Hermetique
de complexion tres-excellente, & du vray temperament de Iustice marqué par le signe de la Balance, pour dire que les qualités sont en egale puissance. Ce qui paroît déja par l'effet que la terre commence à produire pour l'espoississement, ainsi que
dit ce charactere,   où la ligne Superieure, par ce petit   dos courbé montre
que la terre prend   le gouuernement de
l'aueu, méme des Elemens fluides, qui cessants
leur action dissoluante, consentent que la terre à
son tour, exerce son pouuoir : ce qui est marqué
par ces lignes droites, qui sont paralleles, & d'vne
situation de repos sans nulle agitation.

C'est auoir beaucoup fait d'acquerir la noirceur,
& d'auoir la vraye marque que l'enfant est conceu : mais ce n'est pas assez, il faut poursuiure auec
constance, & secourir la terre par vn feu bien reglé
que le corriual de Vulcan aydera en sa seconde
maison au signe du Scorpió, par vne chaleur seche,
qui chassera de la matiere tout le froid que Saturne
y pourroit auoir mis, la disposant méme à la solidité, par l'abaissement de la Lune, l'humidité de laquelle perdra son regne, en ce signe, ou Venus est

endommagée par la mort des elemens legers, qui
feront vaincus par la terre, étant piqués par le ve-
nimeux Scorpion, dont le venin terreftre tuë &
arrefte la fluidité des autres deux principes. Ce
que les Philofophes ont fort bien expliqué en cette figure, qui n'eft autre chofe que le
♏ ♐ Serpét Chymique, ployé en cette forte,
au nombre de trois plis, le dernier étant
le plus long & courbé auec vne pointe de dart,
pour dire que les trois principes font joints fous la
puiffance d'vn, & qu'il n'y a que la terre, marquée
par la queuë qui aye du pouuoir , & qui referue
quelque peu du fouuenir de fon originele race.
C'eft icy où le Philofophe fait tout le contraire de
fon operation, en l'Ecreuiffe affectant le Scorpion,
à caufe de leur reffemblance, du corps & des jambes, & de leur difference, en la queuë, & en leur naturel. Si en l'Ecreuiffe il diffout en eau claire, viui-
fiant fes principes , par la queuë du Cancer, au
Scorpion , il efpoiffit & trouble , fixant le volatil, par fa queuë mortiferé. Et fi l'Ecreuiffe a la
queuë platte & large par le bout, fous laquelle elle cache dequoy continüer l'efpece. Au Scorpion
elle eft ronde, & finit par vn aiguillon, dont les at-
teintes font mortelles. Si la premiere frequente les
eaux froides & claires, le fecond cherche les lieux
chauds, & quelque peu humides : mais pourtant il

I iij

demande l'ombre, & vne humidité relente : ainfi
on le trouue fouuent fous des pierres, & contre
la terre, où la fraicheur & la groffe humeur
terreftre le deffendent de l'exceffiue chaleur : de
même la matiere en cette operation tient encore du relent venin du Dragon ; c'eft pourquoy
il luy faut vne chaleur temperée, & qui ne l'excite pas trop ; car le Scorpion ne pique point
fi on ne le met en colere ; mais étant irrité, il
pique, & fon venin donne la mort ; de même
fi le feu eft moderé, tout ira bien, mais s'il eft
par trop grand, le Scorpion piquera, le vaiffeau
caffera, & tout ira en ruyne, fi la queuë & les
jambes de l'Ecreuiffe marquent la proportion
des élemens en la compofition Chymique : la
même chofe au Scorpion, dit que la fixation
doit étre en même proportion que la diffolution : en fin les accidents qui arriuent à l'Artifte, foit par le venin qui exhale de la matiere,
en la preparation ; foit aux grands frais qu'il luy
faut faire, & à la patience qu'il luy faut exer-
cer, feront tous reparez par la même matiere,
étant conduite à fa perfection : ce que le Scorpion fignifie fort bien, guariffant fes piqueures
étant écrazé fur la plaie, ou par vne huile faite
auec fon corps, ainfi en l'vn & en l'autre, celuy qui fait le mal, apporte le remede.

C'en eſt fait, le Dragon a deuoré ſa queuë,
& l'humide & tenebreux Empire de la noirceur commence à diſparoître, les élemens
volages ſont arrétez, & il ne reſte plus qu'à cuire
le compoſé, & luy faire produire des marques de ſon excellente nature, à lors tout eſt en
paix, & les trois principes ſont joincts dans celuy du repos. Le volage Mercure ne peut plus
remuer ny cauſer du deſordre, il eſt en detriment au ſigne du Sagittaire, où Iupiter en ſon
premier logis prend le gouuernement, & employe ſon pouuoir, pour fauoriſer l'heureuſe
naiſſance du cher enfant Chymique, qui arriue
auec vn grand myſtere dans le neufiéme ſigne;
car le ſage Chiron s'y trouue auec tant de joye,
de voir naiſtre le precieux fils de l'art, que le
voilà deuant l'Autel, où l'encenſoir eſt preſt
pour le faire fumer en action de graces, de cét
heureux rencontre. Il a tant de plaiſir d'éleuer
des Heros, qu'il ne refuſe pas la conduite de
ce nouueau-né, auquel il apprendra à faire des
merueilles. Il y a de l'apparence qu'il en fera
quelque choſe de grand, puiſque ſa nature eſt
parfaite, ainſi que les Hermetiques l'ont marqué par ce charactere   où la Croix ſignifie tout ce qu'on ⟶ peut s'imagi-
ner de bon & de plus   excellent, có-

me nous auons dit ailleurs. La pointe du dard
marque la communication de cette grande
bonté, & sa qualité ingressiue, par laquelle il
penetre dans les substances pour y porter ses
perfections, suiuant Trismegiste, qui dit, *qu'il
vaincra toute chose molle, & penetrera toute chose solide.* Icy le Philosophe peut prendre du repos,
& jouyr des caresses innocentes de son fils bien-
aimé, attendant le plaisir qu'il en espere, dans vn
aage parfait, & quoy qu'il n'aye que la blancheur
il se peut dire heureux, comme ayant des arres
d'vne felicité entiere. En cette sorte les sages Hermetiques ont voilé sous les neuf signes décrits,
les operations qui ont conduit l'Elixir iusques
à la blancheur; & sous les trois derniers, les plus
secrets mysteres du regime du feu : que si les
Astronomes en retiennent l'vsage, l'application
n'en sera pas naïue, sur tout aux characteres,
qui ne marquent rien moins qu'vne Balance,
vn Scorpion, & vn Archer; mais qui disent
naïuement les effets des Planetes, selon l'intention Chymique.

Du Ca-

Du Capricorne, du Verseau, & des Poiſſons.

Chapitre XVI.

E conſtant Philoſophe Chymique ne borne pas ſes eſperances à la ſimple blancheur , ſes pretentions paſſent outre , & il cherche de voir la couleur Tyriene , comme la principale cauſe de ſes penibles ſoins, la ieuneſſe du fils de l'art , ne le releue pas de ſes inquietudes, & iuſqu'à ce qu'il ſoit dans vn aage viril, l'artiſte aura toûjours quelque attache facheuſe. Mais ce fils ne peut croître s'il n'a vne nourriſſe, dont le lait s'accomode à ſon temperament : c'eſt pourquoy il le porte au ſigne du Capricorne, où ſe trouue la Chevre qui a nourri Iupiter. Cette rencontre luy eſt tres fauorable, parce que ſon lait & l'enfant ſont de méme nature; tout autre luy ſeroit étranger, & c'eſt de luy ſeul qu'il peut tirer ſa nourriture. La Lune qui auoit fourny ſon aliment au ſigne du Cancer, a perdu ſon credit en ce ſigne de la Chevre Celeſte, dans lequel elle eſt en detriment : ſon humidité eſt trop claire, & aqueuze , il faut icy vn humide aërien, que le Philo-

K

ſophe feint tirer de la Chevre, parce qu'elle ne
ſe nourrit pas dans les lieux humides, & qu'elle
cherche de brouter & non pas de paître, & ſur
tout la vigne dont elle eſt fort friande, elle
ayme grandement le Sel, & cherche les lieux
ſecs, monte ſur les rochers, & quéte ſa nourriture ſur les lieux les plus hauts. De méme, la liqueur, ou le ſoufre que les Philoſophes appellent
leur ferment, & duquel ils ne parlent que fort
diſcretement, tient de l'humidité ætherée, &
non pas de l'aqueuſe, au moins, ſi l'on a procedé ainſi qu'enſeigne Hermes *Oſte de l'onguent,
la noirceur,* il dit encore que le *Soufre citrin eſt
tiré du Raiſin,* il a en ſoy beaucoup de la nature
du Sel, & ne monte que par le feu de cendres,
pourtant c'eſt luy qui ſublime l'Elixir, & l'élue,
à vne dignité plus haute, que la blancheur Lunaire. Il a dejà montré le pouuoir qu'il a ſur la
Lune : car la voila obſcurcie, & Saturne en
ſa premiere maiſon cauſe en la matiere quelque
petit deſordre : car le ſerpent Chymique s'éueil-
lant à l'approche d'vn ſi puiſſant venin, fait
des contorſions qui formant cette figure
ſignifient l'agitation nouuelle, que le malicieux viellard cauſe à ſon arriuée par
vne ſeconde corruption, ou il pretend éteindre
entierement tout ce peu qu'il y reſte de race

tytanique, il commence par la Lune fille d'Hyperion, auec l'aide de Mars, lequel en son exal-
tation, pallit la face de Cynthie, eueillant la
rougeur Interieure du Laton, & ces deux Planetes malignes, ont assez de puissance, pour faire
choir le benin Iupiter, & donner quelque apparence d'extinction de vie. Cela n'étonne pourtant
pas le Chymiste, qui sçait que Bellorophon sur-
montera la Chymere, quoy que sa teste soit de
Lyon, sa queüe de Dragon, & le milieu de
Chevre, que le charactere marque pour l'intention secrette, le haut signifie la teste du Lyon;
la queuë tournée au coste droit, le Dragon; &
le milieu la Chevre; cette figure & celle du signe du Lion, sont touttes deux formées par le
serpent de l'art, de qui le corps flexible se peut
ployer en toutes ces figures. Mais la Chevre dit
encore, que bien qu'il faille ruminer, c'est à
dire, conduire auec prudence, l'artiste n'a pourtant pas grand' peine; la Chevre n'etant pas vn
animal, employé au labeur, & sa petite queuë
où ce peu de trauail qui luy reste, ce fera tout
en iouänt comme fait le Chevreau.

Il sembloit que Saturne n'en voulut qu'à la
Lune, & que sa malice s'arresteroit par sa ruine,
mais voila qu'il perseuere en son mauuais vouloir, & que passant au signe du verseau, où il

domine encor en son second logis, il s'attaque
au Soleil, auquel il cause vn extréme domage,
car apres auoir corrompu la qualité Lunaire, il
detruira encor la puissance solaire. Il y trouue
pourtant vne grande resistance, le vieillard est
tout seul Maistre en Aquarius, & le Soleil aussi
n'y reçoit d'aucun autre, ny secours ny dommage,
aucune autre Planete n'y a ny bien ny mal. Ce
qui est mysterieux en l'intention Chymique.
Mais enfin cette faux qui a chastré le Ciel, à
encor le pouuoir de vaincre le Soleil, effaçant a
jamais ce qui restoit dans l'Elixir de race. Tyta-
niene. Ce combat est marqué par les Sages en
cette figure, qui dit la derniere a-
ction de l'hu- mide auec le sec, apres
laquelle Deu- calion & Pyrrha tra-
uailleront à reparer les ruines du deluge. C'est
l'esperance du Sage Philosophe, qui n'a point
eu de peur des desordres passez, sçachant qu'A-
risteus obtiendra de Neptune les vents Éte-
siens, par la fraischeur desquels, les fruits de son
labeur seront hors de peril. Ce qui le rejoüit encor dauantage, c'est que son cher enfant abor-
dant Ganymede a été regalé du breuuage des
Dieux, & tout ce qui étoit en luy de corrupti-
ble, est tout à fait changé par l'effet du Nectar
& de l'Ambrosie, estant maintenant de nature

Celefte & Diuine , capable de produire des effets merueilleux.

Voila le Philofophe Chymique, à la veille
d'vn extreme bon-heur. Son cher fils eft fourny
de tout ce qu'il falloit pour fa perfection & il
ne luy manque rien qu'vn aage vn peu plus
fort, afin d'être capable de multiplier fa race,
& de faire des actions dignes de fa bonté: c'eft
pourquoy le iudicieux artifte le meine au figne
des Poiffons , où Venus Vranie fe rencontre
exaltée , & le bon Iupiter en fon fecond Palais,
defquels il receura tant de benedictions , que
jamais le malheur n'aura nulle puiffance de
porter aucun trouble à fa felicité , & affin que
fa fortune foit tout à fait conftante , Mercure
eft tout detruit au figne de Pifces. Icy le Soleil,
la Lune , Saturne & Mars ne peuuent plus cau-
fer de changement , & le myfterieux Polyphile finit tout fes trauaux au temple de Venus , où Polia eteint fon flambeau , les Tourte-
relles de Venus , & les cygnes de Iupiter y font
facrifiez : le rozier donne des fleurs & des fruits,
dont Polyphile mange & fe fent comme renou-
uellé & tout remply de joye. Ainfi Iupiter &
Venus, par vn fecret de l'Art, font les feuls qui
gouuernent en Pifcés, pour donner à l'Elixir, les
qualités qui luy font neceffaires. Iupiter luy don-

nera la vie vigoureuſe , & vne ſubſtance aſſez
molle & de facile fuſion ; & de Venus il receura la vermeille couleur , & la puiſſance genera-
tiuë auec cette amoureuſe ſympathie qui le rendra vtile à toutes les natures, animale, vegetale,
& minerale, marquées par ce charactere
compoſé de trois lignes, deux courbes &.)(
vne droite : cette figure eſt ouuerte, pour
dire que l'Elixir eſt indeterminé, & que c'eſt vne
quint-eſſence ſi noble, que d'elle même, elle ne
peut étre vtile immediatement, ainſi pour s'en ſeruir, il faut fermer la figure , & luy donner vn vehi-
cule ſelon l'intention de l'vſage. Les Poiſſons ſignifient ſa feconde nature & ſa diſpoſition à multiplier juſques à l'infiny, & comme les Poiſſons
naiſſent & croiſſent dedans l'eau, de méme l'E-
lixir tire ſa conception & ſa perfection de l'ele-
ment humide. Mais ce qui a logé les Poiſſons
dans les Aſtres, eſt vne fiction, qui cache vn
vn grand Myſtere. Vn œuf fort grand fuſt pouſſé
par deux Poiſſons au riuage de Leufrate , qu'vne
Colombe couua, duquel fuſt éclos la Venus Sy-
rienne, cela dit clairement la blancheur, qui couue la rougeur, juſques au temps de la maturité;
l'œuf marque la matiere , qui contient comme
l'œuf, tout ce qui eſt neceſſaire pour produire vn
pouſſin, & les proportions ſont couuertes de la

coque, c'eſt à dire du ſilence, dont les poiſſons
ſont les vrais Hieroglyphe, deſquels les Yſiaques
s'abſtenoient, pour ſignifier aux enfans Hermetiques, qu'Harpocrates eſt fils d'Iſis & d'Oſiris, auſſi
bien que le grand Orus, qu'ils peignoit tout difforme & imparfait, pour dire que ce que les Philoſophes écriuent du grand œuure, eſt toûjours maſ-
qué de quelque apparante defectuoſité , laiſſant
beaucoup à deuiner par l'obſcurité de leurs écrits,
qui ſe déchifrent bien difficilement ſi Chyron
n'enſeigne les Heros, c'eſt à dire, ſi l'Artiſte par le
trauail, accompagné de meditation (marqués par
la double nature de Chyron) ne fait l'anatomie,&
n'acquiert la connoiſſance interieure & exterieure de cette ſubſtance qui cache l'œuf Philoſophique. Enfin les enuieux Chymiques , ainſi nom-
més iniuſtement, pár ceux qui voudroient auoir
du bien ſans peine, ne parlent jamais ſans Enigme, comme il ſe voit en ces trois derniers ſignes
que nous auons decrit, ſous leſquels, ils cachent
au vulgaire , & diſent aux Philoſophes aſſés intelli-
giblement, le ſecret de la fermentation, citrina-
tion & rubification de leur grand Elixir, ſurquoy
les Aſtronomes ſe font fort abuſés, les appliquants
aux Aſtres, ſur l'apparence que leur inuention
étoit à ce deſſein.

De la Teſte & Queuë du Dragon.

CHAPITRE XVII.

L'ASTRONOMIE Inferieure a ca-ché autant de ſecres ſous le nom-bre des douze ſignes, comme ſous les natures & figures des animaux, & les douze Dieux des Egyptiens, ont prété leur ſignification, aux douze trauaux d'Hercule, que quelques modernes n'ont pas ignoré, l'vn fait douze traittez ; l'autre met douze portes ; vn autre douze clefs, & touts par la douzaine, cachent vne méme intention, & ſi nôtre Zodiac a douze ſignes en ſa circonfe-rence, chacun a trente degrés, parce que Mer-cure dit que le *Vin Philoſophique ſe parfait à la fin de trente*, & encore ailleurs il dit *Rendes à l'eau le Charbon éteint, par les trente iours que vous connoiſſez.* Ainſi, douze par trente feront trois cens ſoixan-te, la méme douzaine eſt encore employée à la largeur de la ceinture ſignifiée, qui éroit étenduë, à douze degrés par les anciens, dans leſquels ils auoient terminé les promenades de leurs Planettes, les ayant enfermées dans l'eſpace,

auquel

auquel ils étendôient le regne mineral , c'eſt
pourquoy ils l'appellerent Dragon , dont la teſte
eſt viſible , par la demarche boreale , & la queuë
par la deſcente des Planetes , vers le perigée , en
la partie auſtrale , ſes replis ou ſon ventre occupoit la largeur , iuſques ou ſe pouuoit étendre la plus grande latitude , que les Aſtronomes
appellent *Limes* , ou *flexura* , & par cette fiction
les ſages Chymiques enſeignoient aux enfans de
l'art, que dans toutes les operations , il falloit
demeurer dans le Dragon, & conſeruer ſoigneuſe-
ment la puiſſance minerale inuiſiblement contenuës dans les principes (ainſi que dit Triſmegiſte parlant de la diuiſion) *le Dragon demeure en
toutes ces choſes , & ſa maiſon ſont les tenebres , &
la noirceur eſt en icelles* , & il montre encor qu'il ne
le faut pas chaſſer , diſant *Rotiſſez donc ces choſes* ,
l'intention de Roſtir étant de conſeruer la meil-
leure ſubſtance , ſuppoſant que cela ſoit fait ſelon
ſon aduertiſſement , il dit *qu'il ſe fait vn Dragon
qui deuore ſes ailes*. Le bon Flamel l'entend ainſi
diſant que ſi la noirceur ne paroît promptement,
Tu as bruſléla verdeur & viuacité de la pierre. Mais
quoy que ce Dragon ne paroiſſe jamais , ils
ont pourtant feint que la Planette étoit en ſa teſte,
montant vers le Septemtrion, par ce qu'en la preparation , ſa vigueur eſt ſenſible , & qu'elle étoit

L

en la queuë, defcendant vers la partie meridionale, à caufe qu'apres la conjonction , la queuë
où l'humidité cachoit & le corps & la tefte ; c'eft
pourquoy ils marquoient la tefte & la queuë du
Dragon en cette forte,   par vn méme charactere, en chan- ☋ ☊ geant feulement la fituation: mais   c'eft toûjours nôtre Serpent Chymique, qui a le corps fi
flexible, qu'il prend toutes les poftures que l'Artifte defire. Nous auons dit ailleurs ce que le
Serpent fignifie en l'intention Hermetique, &
l'Enigme n'eft pas fi obfcur, qu'il ne foit tres-
facile de deuiner que c'eft la nature Metalique,
chez qui les Sages anciens ont pris le fujet de
leur grande Medecine. C'eft ce qu'ils veulent
dire dans toutes les fictions faites fur le Serpent.
Appollon tuë le Serpent Python engendré du
limon laiffé par le deluge de Deucalion ; Perfée
coupe la tefte de Medufe Gorgonne coiffée de
Serpents ; Hercule étant encor dans le berceau,
étoufe les ferpents de Iunon, combat l'Hydre de
Lerne, & tire Cerbere des enfers, dont la queuë
étoit de dragon. Cadmus tuë le ferpent de Mars,
Iafon en feme les dents & endort le dragon,
& Medée a fon chariot traifné par des dragons.
Tous les Modernes parlent du ferpent & du dra-
gon : Polyphile a peur d'vn dragon qui a des

ailes , & il en accouple deux fans ailes au char
de Cupidon. Flamel ne les oublie pas , l'Aftronomie inferieure les loge dans le Ciel , elle met
vn dragon affez proche du pole Boreal , Engonafin tient vn ferpent à la main, Ophiuchus eft
enlacé d'vn autre, & l'Hydre y eft placé auec le
corbeau : & c'eft ce qui montre clairement que
tout cela n'eft inuenté que pour parler des myfteres Chymiques , & que la tefte & queuë du
Dragon , dont nous auons parlé, n'eft pas la
moindre de toutes les fictions. Mais qui ne peut
conuenir à l'Aftronomie Superieure : car le dragon n'a pas l'aile affez forte pour monter jufqu'au Ciel.

Des conftellations qui font hors du Zodiac , &
particulierement , d'Orion.

CHAPITRE XVIII.

LES douze fignes du Zodiac ne font
pas les premieres conftellations qui
ont efté inuentées, par les Philofophes Chymiques , il y en a bon
nombre d'autres plus ancienes. Perfée, Cephée, Caffiopée, & Andromede, font des

premiere, qui pour vn feul trauail , ont fuiui la fiction de quelque excellent homme. Hercule ou Engonafin a ferui pour marquer vn autre procedé, & ainfi plufieurs autres des premiers Afterifmes ; car tous ceux que l'Aftronomie Superieure marque , ne font pas d'inuention Chymique ; les anciens Hermetiques ayans été imitez en cela ; tout de méme qu'en l'inuention des premieres fables , par des Poëtes Aftronomes, qui ont logé leurs fantaifies dans les Aftres, fans auoir aucune intention cachée : Mais parmy celles qui font les premieres en rang pour leur antiquité, Orion, l'Ourfe, & les Plejades, ne font pas des dernieres ; car Moyfe en fait mention dans l'Hiftoire de Iob , ce n'eft pas luy qui leur donne ces noms, il les auoit apris chez les Egyptiens , ayant été inftruit en toutes leurs fciences. C'eft quafi affez de dire , Egyptien , pour dire Chymique , & pour conjecturer que ces conftellations cachent quelque Myftere. Califto Nymphe de Diane écoute Iupiter , dont les perfuafions font caufe qu'elle eft honteufement chaffée , pour la tumeur remarquée à fon ventre : la naiffance d'Arcas eft le remede de cét enfleure, qui par apres fe porte à commettre vn grand crime , mais Iupiter l'arrefte , changeant la mere en Ourfe, & donnant au fils vne méme nature,

que par pitié il loge dans le Ciel , aſſez proche
du Pole , qui de leur nom eſt appellé Arctique , le
nombre des eſtoilles , qui compoſent la grande
& petite Ourſe ; leur ſituation & continuelle pre-
ſence ſur l'Horiſon à ceux qui habitent , entre
le Tropique & le Pole Boreal , couurent de grands
myſteres. Les Plejades en leur nombre de ſept,
& leur ſocieté auec le Taureau , n'ont pas moins
de ſecrets. Mais ſur tous Orion n'a rien en ſon
inuention qui ne ſoit d'intention Chymique ; c'eſt
pourquoy nous verrons comment il s'y applique.
D'abord ſa conception parle des trois principes,
diſant que Iupiter , Neptune , & Mercure , pour
fauoriſer Hyrée , & recompenſer la bonne chere
qu'ils auoient receu de luy , qui n'aiant qu'vn
bœuf , le tuâ , pour auoir de quoy traitter ſes
Diuins hoſtes , luy donnerent le choix de ce qu'il
deſiroit le plus , auec promeſſe qu'il obtiendroit
l'effet de ſa demande. Hyrée veut vn fils , ſans
ſe ſeruir de femme , & pour le contenter , les
Dieux font apporter la peau du bœuf , ſur laquelle ils rependent leurs vrines , commandants
à Hyrée de la mettre ſous terre , l'aſſeurant que
dans neuf mois , il en naiſtroit vn fils , Hyrée
croit , & l'effet s'en enſuit ; ſe trouuant vn enfant
qui n'étoit pas ſon fils iſſu de ſa ſemence , neantmoins il l'éleue comme pere , & le nomme Orion,

lequel en peu d'années vient homme ſi puiſſant, qu'il oſe ſe promettre, qu'il n'y a point d'animal qui reſiſte à ſa force : il vient ſi inſolent qu'il dreſſe des embuches à la chaſte Diane, laquelle pour punir ſon attentat & ſa preſomption, ſuſcite vn ſcorpion, qui le pique & le tüe. Voila la deſcription toute claire du ſujet Hermetique. Par Hyrée eſt entendu le Philoſophe, qui dedie ſon bœuf, ou ſon trauail, & touté ſon induſtrie au traitement de Iupiter Hermetique, auec vn paſſioné deſir d'auoir vn fils, le fruit de ſon labeur; Les vrines des Dieux, ſont le ſel, ſoufre, & Mercure, Neptune dit le ſel ; Iupiter le ſoufre, & Mercure luy méme; ils ſont mis dans la peau d'vn bœuf (ce qui a été dit au ſigne du Taureau) ſignifie aſſez qu'ils ſont commis à la ſage & laborieuſe conduite de l'Artiſte, le bœuf étant pris pour le trauail, comme le ſerpent pour la matiere. Ainſi Iupiter ſe change en Taureau, pour Europe, Io eſt changée en Vache, Cadmus ſuit vne Vache qui luy montre où il doit s'arréter; Mercure dérobe les vaches d'Apollon, Hercule enleue les bœufs de Gerion ; Iaſon accouple le Taureau ; & le Theagene d'Heliodore à l'aide d'vn cheual, terraſſe le Taureau deſtiné pour étre immolé à la Lune. Il y faut adjouſter que le ſang tout chaud du Taureau eſt vne potion

mortelle, parce que les principes joints sans decoction , font vn venin tres-puissant, mais étans
cuits, ils ont vne grande excellence, & dans neuf
mois produisent l'Elixir, qui comme Orion , est
est si puissant, qu'il croit de pouuoir vaincre toutes
choses, & si Diane excite le scorpion , c'est vn
peu de matiere fixe, qui par la qualité terrestre,
tuë cette grande vigueur : mais ce n'est pas la
ruine d'Orion ; puis qu'il est fait vn Astre , que
les Egyptiens appellent l'ame, où l'esprit d'Osi-
ris, ayant placé sa constellation, en sorte que le
milieu de son corps est en l'Equateur; sa teste a neuf
degrez de declination boreale, & ses pieds ont
pareille declination Astrale , pour dire que c'est
en la zone torride , que la vertu minerale est en
son grand pouuoir, parce que comme la chaleur
est perpetuelle sur la terre , la froideur est dans
la terre sans interruption, & ainsi dans les lieux
les plus chauds se trouuent les plus parfaits metaux. Et l'experience témoigne que le Perou qui
est vn païs chaud, produit grande quantité d'or;
l'Ethiopie en donne de parfait & en grande abondance , & pour cette raison les anciens ont feint
que les Iardins des Hesperides portants des pommes d'or, étoit en lixe dans vn climat fort chaud.
Heliodore pour la méme pensée, fait naître Cariclée en l'Isle de Meroë , qui selon la diuision

anciene, eſt le premier climat , & lors que deuant
Syene on change à Theagene, & à ſa maitreſſe,
leurs chaines de fer en chaines d'or , il dit que
les Æthiopiens, ſe ſeruent d'or pour des chóſes,
où ailleurs on emploië le fer. Et Raimond Lulle,
pour la méme intention a dit , *Mitte in regnum*
Æthiopiæ, vnde naturaliter natiuus eſt , & où les entrailles de la terre , ſont toûjours dans le froid.
Il n'en eſt pas de méme dedans les païs froids,
où la froideur étant de fort longue durée ſur la
terre, la chaleur interieure y dure tout autant.
C'eſt pourquoy il s'y trouue fort peu d'or &
d'argent , mais grande quantité de metaux imparfaits, comme il ſe void en Angleterre, Eſcoſſe,
& autres lieux vers le Septemtrion. Cela découure
l'intention des ſages en la ſituation , de cette
conſtellation d'Orion , diſant qu'il faut que l'a-
gent Hermetique ne reçoiue jamais aucune interruption. Le nombre des eſtoilles qui font cét
Aſteriſme , & qui par les anciens étoit reduite
à dixſept, explique au Philoſophe , ce qui eſt
de plus ſecret aux myſteres de l'Art; car ce nombre de dixſept , dit en le prononçant , les deux
nombres de l'vſage ordinaire de l'occulté Chymie : le dix eſt ſi conneu à ceux qui ſont capables du langage Hermetique , qu'il ſeroit bien
difficile de leur en dire quelque choſe nouuelle,

toute-

toutefois l'efcreuiffe qui a huiᴄt jambes , & deux tenailles ou crochets , que les Latins appellent *Chela* , fait vne dizaine qui n'eſt pas meprifable au ſigne du cancer ; le ſerpent qui deuant Troye deuore neuf oiſeaux , huiᴄt pouſſins & la mere, & puis ſe fixe en pierre ; n'eſt pas hors du ſujet que Senior entend par les dix aigles qu'il peint, quoy qu'il n'en nomme que neuf, car l'vn & l'autre ont vne méme fin. Mais le nombre de ſept cache vne intention qui eſt bien plus ſecrete; Mercure Triſmegiſte parlant de la matiere , dit que *ſon nom eſt ecrit en ſept lettres*. Eſcriuant du ſecret, il en fait ſept chapitres ; & pour marquer le temps de la premiere decoᴄtion, il commence par le nombre de ſept , diſant *par ſept iours ou quatorze ou vingt-vn* , qui font quarante deux ou ſix fois ſept , la Lyre inuentée par Mercure , n'auoit au commencement que ſept cordes , & parce que ce nombre eſt tout particulier à la Chymie , elle a mis l'argent-vif au nombre des metaux, affin d'en trouuer ſept, que ſi on examine la compoſition de ce nombre , par le quatre & le trois , ce ſera en cét état , qu'il dira bien des choſes, & encore plus ſi on compare le quatre au quadrangle, & le trois au triangle. Mais cela n'étant pas neceſſaire pour noſtre deſſein , nous en demeurerons là , ce que nous

M

en auons dit, n'eſt que trop ſuffiſant pour noſtre
intention, de faire voir que toutes les circonſtances de la conſtellation d'Orion , ſont d'intention Chymique. Nous ferions voir le méme
dans la plus grande partie des antiens Aſteriſmes,
ſi nous auions deſſein de traiter cette matiere à
fonds. En voyla aſſez pour vn abregé, & pour
ſauuer le droit de l'Aſtronomie Inferieure, contre l'vſurpation de la Superieure, qui n'a pas de
quoy appliquer à ſa doctrine , toutes les particu-
laritez d'Orion, auſſi naïuement comme elles ſe
rencontrent auec la Chymie , & qui font voir
que les anciennes Fables, couurent des veritez
qui ne ſont pas vulgairement connuës.

---

*De l'Origine de l'opinion d'Ariſtarque , ſur le mou-
uement de la terre, & quelle étoit l'intention de Pythagore : diſant que la terre eſt vne des eſtoilles,
& que le feu eſt au centre de la terre.*

CHAPITRE XIX.

LEs Egyptiens qui ont eu les premiers
l'vſage des ſciences, donnoient bien
de la peine aux Nations voiſines d'accorder leurs ſuperſtitions auec leur ſageſſe. On ne pouuoit comprendre comment les

Isiaques qui parmy eux étoient les plus sçauants,
s'amusoient au culte des dragons : & rendoient
à vn bœuf, des honneurs souuerains. On voyoit
bien que c'étoient des folies , mais considerant
leur conduite; leur grande intelligence aux choses naturelles ; & la belle regle de leurs mœurs
qui composoit vne vie si pleine de vertu , que
des Prestres d'Isis on en faisoit des Roys; il y auoit
bien de la difficulté à juger s'ils étoient plus sages
que fols. Mais quoy que ce mélange semblât incompatible , leur grande renomée attira en Egypte plusieurs sçauants des Païs Estrangers , sur
l'espoir d'y apprendre cette occulte science, de laquelle ils ne parloient que par Enigmes, & n'en
ecriuoient que par hyerogliphes. Et bien que la
vanité des Grecs fut si grande, que tous les autres peuples leur fussent à mépris , les estimants
Barbares & grossiers, pourtant plusieurs des plus
sçauants passerent en Egypte pour le méme dessein. Orphée eut le premier cette curiosité , il fut
suiuy de Solon, de Thales, Pythagore, Eudoxus,
Platon ,& autres curieux , mais tous ne furent pas
admis aux mysteres d'Isis. Il falloit pour y estre
receu , donner de bonnes marques de grande
probité ; souffrir bon nombre d'examens ; & se
trouuer fourny de toutes les qualitez necessaires
à vn vray Philosophe; pour étre estimé digne de

M ij

leur Theologie. Orphée ſe trouua garni de tout
ce qui eſtoit requis pour y étre receu, & euſt la
connoiſſance de leurs plus grands ſecrets : Pythagore y receut le méme traitement ; mais aiant
moins de vanité qu'Orphée , il garda le ſilence
plus religieuſement , & ſe contenta d'enſeigner
les ſciences & la regle des mœurs , qui ſe trou-
uants ſemblables aux preceptes d'Orphée , cela
fuſt cauſe en partie du grand credit qu'il eut ſur
ſes diſciples. Sa doctrine & ſes mœurs étoient ſi
fort conformes, qu'il en acquiſt la reputation de
ne pouuoir faillir , & c'étoit aſſez prouuer vne
propoſition , en diſant ſeulement , *Pythagore l'a
dit.* Parmy les belles ſciences que ce grand Philoſophe emporta de l'Egypte ; la ſecrete Chymie
eſtoit ſa bien-aimée, ce fuſt pour l'amour d'elle
qu'il conſerua toûjours la façon de parler myſti-
que, & obſcure, commune aux Iſiaques ; comme le langage ſacré , par lequel il auoit appris
les myſteres d'Apis, & dont il ſe ſeruoit , lors que
l'abondance du cœur le forçoit de dire quelque
choſe du merueilleux *Azoth* : ainſi il luy échapa
de dire à ſes diſciples, *que la Terre eſtoit vne eſtoille , & que le feu eſtoit au centre de la terre.* C'eſtoit
aſſez de l'auoir dit, il n'eſtoit pas permis d'en dou-
ter ny dire le contraire. Ariſtarque qui étoit du
nombre des credules , & au reſte grand Mathema-

ticien, prenant les paroles de Pythagore au pied
de la lettre,& croyant qu'il parlaſt du globe de la
terre & du Soleil, non du feu ; fiſt vn ſi grand
effort pour ſauuer la verité des paroles de ſon
Maiſtre, qu'il dreſſa vn Syſtéme , par lequel il
il logeoit la terre mouuante dans vn grand cercle , comme vne des Planetes , ſituant le Soleil
immobile au centre de l'Vniuers. Bien que cette
opinion fuſt fort extrauagante , elle fut bien receuë de bon nombre de Pythagoriciens , & de
ceux qui, comme Ariſtarque, n'auoient pas la con-
uerſation familiere de Pythagore. Empedocles
qui a été du nombre des amis de Pythagore, n'a
pas auſſi reſſenti le vertige; au contraire il aſſeu-
re que la circonſcription du Soleil, limite le ter-
me & les bornes du monde , ce n'eſt pas dire
qu'il ſoit placé au centre : & ayant été le premier qui a parlé clairement de la Philoſophie, &
reduit les élements au nombre de quatre , il ne
loge pourtant pas le feu au centre de la terre.
Cela eſtoit bien éloigné du ſens de Pythagore,
qui en aucun autre lieu ne dit rien qui aproche
de l'intelligence de ce vertigineux; bien loin d'y
auoir penſé, puis qu'il attribüe à la terre , la figure cubique, dont il dit que la terre à eſté compoſée, qui ne s'accorde pas bien a l'opinion d'A-
riſtarque; n'y ayant point de figure ſi inepte au

mouuement , ny qui aye mieux la marque du repos. Ses ſix bazes, & ſes angles ſolides, ſont tout
autant de reſiſtances, qui obligent à faire effort
pour la faire mouuoir , que ſi elle eſt tournée
d'vne baze ſur l'autre , elle s'y poſe auſſi ſolide-
ment , comme ſi jamais elle n'auoit eu de mouuement. La pyramide que Pythagore attribuoit
au feu, n'a nulle marque d'inclination au centre,
& cette pointe qui eſt le ſigne de ſon actiuité,
repugne tout à fait à l'idée d'Ariſtarque. Et la
Lune que Pythagore dit, eſtre de nature de feu;
ne pourroit pas ſouffrir que ce monde Lunaire
des Pythagoriens, fut peuplé d'animaux , de la
grandeur qu'ils diſent, s'ils ne ſont des Pyrauſtes
ou bien des Salamandres : en fin cette opinion
tirée de Pythagore , trouue ſa ruine au même
lieu qu'elle a pris ſa naiſſance.

Il faut ſauuer l'honneur de ce grand Philoſophe, faiſant voir quelle étoit ſa penſée, en ce
feu & cette terre : mais pour y paruenir il , faut
verifier qu'il étoit grand Chymique ; & qu'vne
bonne partie de ce qu'il a dit ſous des termes
obſcurs , ſont tout autant de ſecrets Hermetiques. Il ne refuſera pas cette qualité de Chymique, puiſque la cuïſſe d'or de laquelle il ſe vante,
eſt vn preſent qu'il a reçeu de l'art. Ceux qui
l'ont voulu mettre au rang des enchanteurs n'en,

tendoient pas mieux qu'Ariftarque ; les termes
Ifiaques, & ne fçauoient pas que la cuiffe, eft le
vray Hieroglyphe de generation ; de race & de
puiffance : Elle eft prife en ce fens, dans la fainte
écriture, en plufieurs lieux que par refpect nous
n'alleguerons pas, ayant affez de preuues dans les
écrits prophanes. Les cuiffes des offrandes
étoient par les anciens confacrées à Venus ; parce qu'elle prefide à la generation. Bachus fut
acheué de nourrir dans la cuïffe de Iupiter, affin
de luy donner vn aliment de méme race que fa
conception ; & Pallas par fa force, empeche que
Vulcan ne touche qu'à fa cuiffe, mais ce feul
attouchemént fuffit, pour donner vie à Erictho-
nius. Tout cela cache des myfteres Chymiques,
dont Pythagore auoit vne intelligence parfaicte:
C'eft pourquoy en parlant de l'œuure confom-
mée, & de fes grands effects ; & pour dire qu'il
auoit le fecret de faire & produire de l'or, il difoit
fans menfonge qu'il auoit vne cuïffe d'or, &
comme il en fift la preuue deuant fes familiers
amis, il leur permit de dire, qu'ils auoient veu
fa cuiffe d'or, en méme intelligence qu'il l'entendoit luy méme. Tellement que ceux qui n'a-
uoient pas connoiffance du fecret caché fous
cette cuiffe, l'appelloient enchanteur, parce que
naturellement il ne fe pouuoit faire qu'vn

homme euſt vne cuiſſe d'or.

Ceux-la que Pythagore auoit admis à ſa con-
uerſation familiere, ſe trouuoient aſſortis des
qualités, qui étoient neceſſaires à la reuelation
des myſteres d'Iſis, & ſçauoient le ſecret caché
ſous ce precepte, *A fabis abſtineto*; lequel ils ob-
ſeruoient pour la méme raiſon que leur Maiſtre,
qui aiant juré la Religion Iſiaque, ſe tenoit dans
ſes regles-tres religieuſement, mais cette exacte
abſtinence des febues, comme vn ſecret entierement Chymique, tire ſa raiſon, de ce que
le corps d'Oſiris ayant été démembré, & diſperſé
par Typhon, il jetta le phale dans le Nil, qui fuſt
deuoré par trois poiſſons, *le Phagre*, *le Lepidote*, &
l'Oxyrinche. Iſis auec grand peine, r'aſſemble tout
ce corps, excepté cette piece, quoy qu'elle la
cherchaſt auec plus de ſoin qu'aucun autre des
membres, & ne pouuant ſouffrir cét important
defaut, elle en fit faire l'Effigie de bois, à qui
elle voulut qu'on rendit de l'honneur : En ſuite
les Poiſſons qui auoient été cauſe de cette grande
perte, furent en execration parmy les Egyptiens;
& en memoire du reſſentiment d'Iſis, & de la
veneration qu'ils portoient à cette belle image,
les Preſtres Iſiaques s'abſtenoient de manger des
feues, à cauſe de la ſignature qu'elles portent
du phale, ſuiuant la coutume Payenne, de ne
                                              man-

manger pas des chofes amies de leurs Dieux , ny
méme de leur nuire : Ainfi le Mouton , & le
Bœuf étoient en feureté parmy les Egyptiens;
& d'autres animaux, felon la differente humeur
de leur diuinités. L'exacte Polyphile qui entendoit ce myftere, peint vn Phale , de grandeur
& pofture auantageufe pour, l'enfeigne du Dieu
des Iardins, deuant lequel on égorge vn âne, en
vengeance de celuy qui oza fe vanter d'étre le
mieux fourny; mais cette mort luy fuft auantageufe , car Iupiter qui aimoit l'vfage du fujet
contentieux, transfera le baudet parmy les Aftres
& le logea au figne du Cancer : Car c'eft au
mois de Iuin que le Chardon opere. Orphée luy
auoit fait l'honneur , de le faire feruir au bon
pere Denis, & par vn grand fecret ; monte Bachus fur l'Afne, pour aller au combat des geans,
deguifant le myftere d'Orus qui choifit le Cheual pour combatre Typhon. Il n'y auroit pas
grand peine à montrer, que toutes ces fictions
font des inuentions Chymiques ; fi le debit en
pouuoit étre honnefte : le Sel, Soufre & Mercure
y font naïuement dépeints; le Cylindre ou Canon,
eft le Mercure qui fe trouue placé entre deux
cercles; le Sel & le Soufre dont l'ajonction , &
l'attache eft affez connuë par les intelligeants,
ces trois principes font arrachés du corps où ils

N

étoient cachés, & apres cette feparation, le corps
eft inutile : c'eft pourquoy jamais on ne retran-
che à l'Afne cette importante piece, parce qu'a-
pres cette priuation, il ne vaudroit plus rien. Auec
méme myftere, les anciens difoient que Saturne auoit chaftré le Ciel, qui en ce retranche-
ment perdit tout fon pouuoir, Saturne ayant
reçeu vn pareil traitement, eft reduit au Tartare, ou bien chez les Latins il prefide au fumier;
Tout de méme Ofiris apres, ce grand deffaut,
fe ioignant à Ifis, engendre vn Harpocrates qui
eft tout defectueux. Voila comment fous cette
belle feinte, les fages Philofophes cachoient les
principes de l'art, & la feule raifon pourquoy
Pythagore auec les Ifiaques commandoient l'ab-
ftinence des febues.

Mais nôtre Pythagore ne fe fert pas toujours
des fictions Ifiaques pour couurir le fecret Hermetique ; fes inuentions font plus ingenieufes,
& fans forger des fables, il trouue dans les Ma-
thematiques dequoy expliquer aux entendus, &
cacher au vulgaire tous les fecrets de l'art : la Geo-
metrie luy fournit cinq figures des corps folides
defquelles il compofe tout l'vniuers Chymique,
Platon quoy qu'appellé diuin, y a été furpris,
croyant que Pythagore parlât de ce grand vniuers,
& fur cette opinion il fuiuit fa penfée, attri-

buant le cube à la terre ; l'octaedre à l'air ; l'I-
socaëdre à l'eau ; la Pyramide au feu ; & le Dodecaëdre, à la supreme Sphere de l'vniuers. Ce
n'est pas la pensée de nôtre Philosophe : car le
cube & la terre ne s'accommodent pas si ce n'est
en la solidité : les six bazes du Cube , ne con-
uienent pas bien à la rondeur du globe ; les huit
angles solides qui marquent de l'action par
leurs pointes, sont trop subtils pour la terre grossiere ; l'octaedre & l'air, n'ont pas de conuenance,
car ses huit bazes ou faces ne s'accordent pas
auec la mobilité de l'air ; & les six angles solides , semblent signifier qu'il est moins subtil
que la terre, qui a les huit angles du Cube , l'Isocaëdre & l'eau n'ont entr'eux nul rapport : cette
superficie égale de l'eau qui en toute la mer ne
faira qu'vne face , si elle n'est agitée , & qui se
remarque en toutes les eaux , qui sont en leur
assiete naturelle, ne peut conuenir à la multipli-
cité des bazes ou sieges de l'Isocaëdre. La supreme Sphere de l'vniuers & le Dodecaëdre , ne
rencontrent pas mieux ; & sur tout du temps de
Pythagore que la huictiéme Sphere étoit la bor-
ne des Cieux , & méme le premier mobile des
anciens Astronomes , si les douze sieges peuuent marquer les douze signes , cela ne suffit
pas, car il y a plusieurs constellations qui sont

N ij

hors du Zodiac, & ainſi toute la Sphere n'y ſeroit pas compriſe, & les vingt angles ſolides qui
marquent de l'action, ne ſont pas en aſſez grand
nombre, pour ſignifier les diuerſes influences des
Aſtres, & ainſi l'application eſt fort defectueu-
ze. La Pyramide & le feu ont plus de conuenance, pourveu qu'elle ſoit erigée, mais ſi elle
eſt abatüe, il n'y a plus de raport. Mais Platon,
qui a ſuiui Pythagore en l'application apparante
des figures de ces corps ſolides, & qui les attribuë aux elemens & au Ciel, à cauſe de la regu-
larité qui ſe trouue entr'elles (leurs faces étant
équiangles & équilaterales) ne peut pas trouuer ſon compte, s'il ne determine la Pyramide
à quelque plan : parce que le point oppoſite, en
prend ſa dénomination, & la Pyramide peut étre
dite triangulaire, quadrangulaire, pentagone hexa-
gône, ayant autant de triangles, que le plan con-
tiendra de côtés. Et quand la Pyramide ſera deter-
minée, elle ne ſera pas pourtât reguliere, puiſqu'elle ne ſera pas equilaterale, ſi on ne la reduit au ſimple tetraedre, qui alors ne ſera plus Pyramide, &
ainſi moins capable de ſignifier l'actiueté & inclination du feu. Ce qui eſt encore de moins conue-
nable entre les elemens & le Ciel, auec ces figures; c'eſt la ſolidité, qui ne peut étre attribuée,
à l'eau, à l'air, ny au feu, ny méme au Ciel, ſi le
libre mouuement des Aſtres, eſt bien examiné,

& tout cela montre fort clairement, que Pythagore n'auoit pas fa penfée fur le grand vniuers.

C'étoit de l'vniuers Chymique où s'appli-
quoit l'intention de nôtre Philofophe, dont il
marquoit les principes: leur reciproque; l'agent
interieur, & l'agent inftrumental : auec leurs
proportions & leurs inclinations. Par le Cube,
il entendoit le Sel ou la terre, auec le feu central, & tout ce qui dans les principes eft fixe, &
de confiftance feche & folide : car le Cube reprefente par les fix bazes la vraye nature metallique, & le nombre de metaux qui ont reffenti
l'effet de la fixation, ou parfaitement ou impar-
faitement, qui font fix, l'or, l'argent, le cuiure
le fer, l'étain, & le plomb : l'argent vif n'étant
pas du nombre, tant à caufe de fa fluidité: que
de ce que les Philofophes le rejettent de leurs
operations, que s'ils parlent fouuent du Mercure, ce n'eft pas de celuy que le vulgaire entend.
La terre Philofophique étant tirée de cette nature metallique, le Cube en fes bazes ou faces,
qui font fix quarrés égaux auec fa folidité, fignifie que la terre & le feu qu'elle contient,
doiuent étre fixes & parfaitement rectifiés, &
que touty doit étre folide d'effet ou d'intention:
les fix bafes reprefentent bien la terre, ou le Sel
Chymique auec cette qualité coagulatiue de la

N iij

terre, dont l'effet se remarque aux Sels, & au Cristal de roche, qui ont quasi toujours naturellement six faces, & les huit angles solides signifient le feu, qui produit en la terre cette condensation des autres elemens Chymiques: parce que le feu s'introduisant par la subtilité, emporte quant & soy cette inclination à la solidité, marquée par les angles solides.

L'Octaedre qui a huit bazes & six angles solides, signifie l'air ou le soufre, & reciproque auec le cube, ayant six angles solides, & le cube six faces, & huit faces ou bazes, & le cube autant d'angles solides : parce que le soufre a tout autant de disposition à la fixation, comme la terre a de pouuoir pour la coagulation : Mais le feu central de la terre ou du sel, par ses huit angles solides, excede l'action du soufre comme étant plus actif; & l'Octaedren'a que six angles solides, & la terre six faces, qui disent que le soufre agira autant sur la terre en la dissoluant, comme la terre sur le soufre en le coagulant.

L'Isocaëdre est vne figure solide, qui a vingt faces & douze angles solides; qui signifie le Mercure des Philosophes, ou leur eau precieuse; qui nonobstant sa grande subtilité, a plus d'inclination à la fixation marquée par les bazes, qu'à la dissolution signifiée par les angles solides; &

que par son mélange s'acquiert la vraye solidité
marquée par l'Isocaëdre, qui est plus capable
que les autres figures, comme aprochant le plus
de la figure Spherique, ce que l'experience au-
thorize, en ce que les metaux sont d'autant plus
poisants qu'ils participent plus de l'eau Philosophique. Ainsi les Autheurs disent que l'or est
presque tout Merure. C'est par cette eau, encor que l'Elixir vegete, & que son corps s'augmente, & le double denaire des angles solides de l'I-
socaëdre, signifie la proportion de cuple, tant du
premier regime que de la multiplication.

Le Dodecaëdre ayant douze bazes & vingt angles solides, reciproque à l'Isocaëdre, qui a vingt
faces & douze angles solides : Pytagore l'attribuë
au Ciel, ou à la supréme Sphere de l'vniuers Chymique : & c'est cette quintessence, ou l'œuure
parfaite, qui s'acheue par douze operations,
ou douze signes dans le grand Dragon, de
qui le ventre a douze degrés de large, comme nous auons dit ailleurs, dont l'influence a
ses effets communs sur les trois principes,
comme dit Trismegiste, *Draco autem in omnibus his habitat* : Mais il reciproque entierement
auec le Mercure, parce qu'il à le Caducée, &
que c'est auec l'eau Philosophique que ce fait
tout l'affaire, c'est elle qui dissout ; qui purifie,

qui blanchit ; qui viuifie ; & de qui les Philofophes ont toujours befoin du commencement
iufques à la fin : ainfi Hermes l'exalte difant.
O aquin forma permanens, regalium creatrix elemen-
torum , quæ tuis fratribus regimine mediocri tinctura
habita & iuncta quiefcis. C'eft pourquoy le Dodecaëdre a vingt Angles folides , affin d'agir
pour reduire de puiffance en acte , l'inclination
du Mercure à la fixation marquée par les vingt
bazes : & le Dodecaëdre a douze faces , qui
marquent les douze operations neceffaires, pour
vaincre entierement la fluidité de l'eau Chymique , marquée par les douze Angles folides de
l'Ifocaëdre.

Les quatre figures folides décrites font reci-
proques deux à deux par leurs bazes & Angles,
& ont entr'elles vne commune inclination, qui
eft la folidité , pour fignifier que toutes les
actions des principes tendent à la fixation ; &
que l'œuure eft acheué lors que tout eft fixe:
Elle font auffi regulieres entr'elles , toutes leurs
faces étant equilaterales & equiangles, qui difent que les principes doiuent étre également
purs & que tout foit en chacun d'eux, purgé de
toute forte d'accidents. Mais le plus fecret reciproque, fe trouue fous les Angles des bazes, &
fous ce qui en vn méme temps eft vifible en ces

figures

figures folides. Nous auons dit ailleurs qu'il n'y auoit que deux élements vifibles, c'eft à dire Chymiques; la terre & l'eau: que la terre contenoit le feu, & l'eau contenoit l'air, le feu & la terre étants enfemble, foubs la confiftance feiche, font reprefentés par le cube, de qui les faces ont quatre angles, rectangles, pour fignifier qu'en la folidité du cube, tous les élements prendront leur confiftance, par la vertu interne du feu central, qui étant caufe de toute perfection, marque par ce quadrangle, que c'eft en luy que les autres trouueront leur excellence; & ainfi, ces angles droits ont méme fignification que les quatre angles dont nous auons parlé en la figure de la Croix, vray figne de perfection, de laquelle le cube eft la feconde image, dans lequel il fe trouue quelque rapport auec toutes les autres figures. Si le cube eft regardé par vn cofté, on verra deux faces, qui difent les deux élements vifibles; on decouurira huit angles, qui font le nombre des bazes de l'octaedre, & des huit angles folides du cube méme: fi on regarde le cube par le point d'vn angle folide, on pourra voir fans changer de difpofition, trois angles egaux affemblez en vn poinct, comme en la Pyramide, dont le plan a trois coftez egaux, qui font encor les trois principes, & les triangles des

bazes de l'octaëdre, & de l'Iſocaëdre ; on verra
encor trois faces quadrangulaires, qui contiennent douze angles droits, qui s'accordent aux
douze faces du Dodecaëdre ; aux douze angles
ſolides de l'Iſocaëdre & aux douze operations,
mais le cube a ſix faces, & l'on n'en peut decouurir que trois, ſans changer de poſture, nous
auons dit que le feu eſt caché dans la terre, les
trois faces qui ſe voyent ſont la terre : & celles
qui ſont couuertes ſont le feu. Le reciproque
des faces triangulaires de l'Octaedre, & de l'Iſocaëdre, dont le nombre eſt vingt-huit, ſignifie
l'élement de l'eau, qui contient en ſoy l'air. Ce
nombre ſe rapporte aux jours que la Lune qui
preſide à l'humide, paroiſt viſible, pendant ſa
courſe ſynodique ; & les triangles des faces, marquent que comme vn triangle rectiligne, fait en
ſes trois angles, deux angles droits ; que l'humidité Chymique contient deux élements droits,
c'ét à dire purs, mais fluides, qui ſeront arrétés
étants joints aux deux élements ſecs qui ſont dedans le cube. Et ces élements ſe treuuants aſſemblés ou fixes, compoſent cette grande quinteſ-
ſence, ainſi nommée à cauſe de ſon extraordinaire excellence ; & de ce qu'elle eſt au deſſus
du ſimple pouuoir de la nature, que Pythagore
a ſignifié par le Dodecaedre ou Ciel Chymi-

que , dont les douze faces font Pentagones,
ayant cinq angles chacune , qui font foixante
Angles , qui conuiennent auec les vingt faces
triangulaires de l'Ifocaëdre , qui font le méme
nombre. Il y auroit encore beaucoup d'autres
remarques , fur ces quatre figures toutes naïuement aplicables à l'art, mais en voila affez pour
noftre deffein, venons à la cinquiéme.

La feule Pyramide n'a point de reciproque,
auec les autres figures des corps folides , parce
que le feu, que Pythagore entend par la Pyramide, eft le feu inftrumental qui ne correfpond-
pas auec les principes Chymiques ; & n'entre pas
en la compofition : la pyramide n'a qu'vne baze
ou vn plan , fur lequel elle eft erigée, c'eft la matiere qui entretient le feu , dont la pointe pyra-
midale eft l'inftrument de la decoction Hermetique, mais neantmoins quoy que la pyramide
ou le feu , n'aye pas de place dans le compofé
Hermetique , il faut pourtant que toûjours elle
foit éleuée, parce que fans le feu , on ne peut
faire rien ; & ainfi la pyramide eft auffi neceffaire que les autres figures. Mais le feu ne doit pas
toujours eftre en vn méme degré , & il faut
l'augmenter ou diminuer felon l'operation : de
méme à la pyramide, on peut augmenter ou diminuer les coftez de fon plan, fans entierement

changer ſa nature ; tellement qu’elle eſt ſage-
ment apliquée pour ſignifier le feu inſtrumen-
tal , ſans lequel le Chymique ne peut rien
entreprendre. C’eſt ainſi que noſtre philoſophe
compoſoit l’Vniuers Hermetique ; qu’il couuroit
ingenieuſement , feignant de parler des quatre
élements & du Ciel , comme Platon & autres
l’ont expliqué, le prenant à la lettre.

Cette melodieuſe Harmonie que Pythagore
attribuoit au mouuement des Cieux, ne pouuoit
pas perſuader vne oreille ſubtile , qui pouuoit
pretendre eſtre Iuge de cette propoſition : & c’eſt
encor vne de ſes façons de parler myſterieuſes,
qui ne luy étoit particuliere. Les ſçauants Chymiques qui l’auoient precedé , s’en étoient ſeruis pour le méme ſujet ; parce que conſiderant
les juſtes proportions de la nature en tout ce
qu’elle produit, & les admirables & diuerſes qualités des creatures , ils y remarquoient certaine
conſonance , qu’ils ne pouuoient mieux expliquer que par l’Harmonie Muſicale, qui étant
compoſée de tons ou de voix differentes , produit neantmoins vn concert agreable. Examinant
les juſteſſes neceſſaires, au grand œuure Chymique , tant pour les preparations des principes ;
que pour la compoſition & decoction Philoſophique , & les ſcrupuleuſes proportions qu’il fal-

loit garder au mélange ; au degré du feu ; & au temps : ils eftimoient que cette conduite étoit furnaturelle, & qu'il y auoit quelque chofe de diuin. C'eft pourquoy noftre Pythagore, affeure que les Cieux fe meuuent, ou que les operations fe font auec grand harmonie, car tout ainfi que les Cieux font les vniuerfels directeurs, des trois genres qui contiennent toutes les creatures inferieures, aufquelles les Aftres communiquent leurs influences vniuerfellement ; Tout de méme le grand œuure des Sages a vne influence fi grande qu'elle eft vniuerfelle, & s'accommodant auec les mémes genres, corrige leurs defauts ; guarit leurs maladies ; & leur rend cette Harmonie premiere de leur temperament. Et parce que les fept Planetes font comme les Intendans des Cieux, les Sages ont feint que Mercure auoit le premier inuenté la Lyre, fur laquelle il auoit mis fept cordes à l'honneur des fept Plejades dont fa mere eft du nombre : d'où la *Tortuë*, qui fournit la matiere, a eu l'honneur que le mot *Teftudo* donne le nom à plufieurs inftruments de Mufique ; tout ainfi que fa nature eft vn vray hieroglyphe de l'ouurage Hermetique. La *Tortuë* reprefente le Caducée de Mercure, la tefte & la queuë, font les deux bouts de la verge : les quatre jambes font les teftes & les queuës des

deux ferpents : & l'écaille au milieu qui eft comme ronde , eft le cercle que les deux ferpents
forment. Mais elle dit encor mieux la nature du
Mercure, car fi la *Tortuë* eft en repos , elle a fa
tefte, fes jambes, & fa queuë, qui tous enfemble font fix, cachés dans fes dures écailles : &
& quand elle marche , elle met tout de hors :
ainfi le Mercure eftant le menftrüe commun des
fix metaux, ils fortent ou font engendrez de fon
corps, qui font les fix extremitez de la *Tortuë*.
La *Tortuë* eft amphibie, frequentant la mer & la
terre : & la matiere Hermetique frequente , le
fec & l'humide , Hermes dit, *Jn terra vel in ma-
ri habere potes.* La *Tortuë* eft laide & affreufe au
regard, mais pourtant elle eft bonne, & de fon
corps fe fait vn manger agreable, & fi elle fournit le plat & l'affiete pour en faire l'apprêt. Le
fujet des Chymiques eft autant laid que meprifable , mais fon interieur eft bon , ayant tout
ce qu'il faut pour fa preparation , & pour fa perfection. La *Tortuë* enfoüit fes œufs dans la terre, & les couue auec les yeux, c'eft de la terre
Philofophique que doit éclorre le poullet Hermetique, fi le Philofophe a bien foin d'y regar-
der fouuent, à caufe des diuerfes alterations qui
arriuent. La *Tortuë* va lentement , & marche con-
ftament fans s'arréter , qu'au lieu où elle defire

d'arriuer, ainſi le Philoſophe doit aller lentement & grauement, mais ſans interruption, de
peur qu'vn long *Tacet* ne gâte l'harmonie : en
fin la *Tortuë* eſt plus afreuſe au Singe, que le
Coc au Lion, il n'en peut ſuporter la veuë, &
il la fuit comme la mort ; ainſi les Chymicaſtres
vrais Singes des ſages Philoſophes, fuïants les lai-
des apparences, rejettent ce que les ſages cherchent ; ſont impatiens, & ſautent comme vn
Singe d'vn ſujet à vn autre. Voila vne partie de
ce que dit la *Tortuë*, qui n'a point de langue,
& qui auec ſon ſilence, & ſes autres qualitez, eſt
le vray hieroglyphe où ſe treuue plus de choſes applicables
à l'œuure : & parce que Mercure eſt le maiſtre
de la melodie Chymique, tous les anciens ſur
cette intention, ont honoré *noſtre Tortuë*, parlant de la Muſique : ils feignent qu'Apollon
ajouſta deux cordes ſur la *Lyre* ; & qu'il eſt directeur des neuf Muſes ; qu'Oſiris auoit neuf
Muſicienes, Bachus eſt rejouy par la *Lyre* d'Orphée ; Hercule eſt apellé Muſagetés ; & en fin
par honneur, la *Lyre* eſt dans les Cieux, qui
rend céte douce Harmonie de noſtre Philoſophe. Nous trouuerions encor l'intention de Pythagore, eſtre du tout Chymique, en ſa Metempſycoſe, à qui l'ame d'Oſiris paſſée dans le
bœuf Apis, a donné le commencement parmy

les Iſiaques. Il ſe trouueroit au boiſſeau quelque
grain de la méme ſemence, & l'épée rejettée du
regime du feu, nous montreroit combien il y faut
étre ſage : mais en voila aſſez pour faire voir qu'il
étoit grand Chymique, & que ſous ſes diſcours
Enigmatiques, il cachoit auec adreſſe, vne choſe
de laquelle il ne vouloit decouurir le myſtere;
& ces parolles luy échapant dans la joye de la
poſſeſſion du grand ſecret, il étoit obligé de les
appuyer de quelque raiſonnement, pour ſauuer
ſon credit de n'auancer rien qui ne fuſt veritable. C'eſt pourquoy il fait ſuiure à cette propoſition de Metempſycoſe, le ſouuenir d'auoir été
autre que Pytagore, & que ſon ame auoit ani-
mé pluſieurs corps.

Puis qu'il étoit ſi ordinaire aux anciens Hermetiques, de ſe ſeruir des Aſtres & des Cieux,
pour parler du ſujet de leurs rauiſſements, il n'y
aura pas grand peine de deuiner l'intention de
Pythagore, dans ces parolles, *La terre eſt vne des
eſtoilles, & le feu eſt au centre de la terre* : car ſi l'œuure des Philoſophes eſt appellé *Ciel* par les anciens Chymiques, & particulierement, par Mercure Triſmegiſte, diſant que dans les trois principes habite le Dragon, *qui eſt eorum cœlum ex
ſuo Oriente*, & encore il dit, *maſculus eſt cœlum
fœminæ, & fœmina terra maſculi*, & c'eſt de ce Ciel
　　　　　　　　　　　　　　　　qu'il

qu'ilpretend tirer le pere & la mere de son cher
enfant quand il dit, *pater eius sol est*, *mater Luna*,
que si le pere & la mere sont le Soleil & la Lune
du Ciel Chymique ; la terre pourra bien pretendre d'étre vne estoille , puis que Hermes dit,
Nutrix eius est terra mater omnis perfectionis : car si
la cheure nourrice de Iupiter , a bien eu cette
grace , elle ne doit pas étre refusée à la terre
Philosophique , qui est la base de tout l'œuure,
& de qui tous les autres disent des merueilles.
Nostre Trismegiste dit , *Terra nostra aurum est, de*
quo omne fermentum constituimus , quod est fermen-
tum isir , c'est cette terre qu'ils apellent *Laton* ;
Terra foliata ; *Terra margaritarum* ; & que Pythagore
appelle *vne estoille* à cause que c'est d'elle que les
autres élements Chymiques seront éclairez; ainsi quelqu'vn l'a apellée *Lumen perlarum* : mais
Pythagore a dit que le feu étoit au centre de la
terre, par le méme sentiment que les autres Philosophes Chymiques : car Mercure Trismegiste
a dit, *Terra naturâ aurum est* , qui est le Soleil
de l'Art, duquel il parle aprés, disant, *Sol meus*
& radii mei sunt in me intimi , Luna vero propria
meum lumen est. Et voyla cette Lune que Pythagore dit tenir de la nature du feu ; & pour montrer que le feu est auec la terre , Hermés dit
Terram separabis ab igne. Et encore ce feu separé

de la terre, retient la confiſtance terreſtre & ſe-
che, ſelon Raymond Lulle. *Terra & ignis ſimiles ſunt
in ſubſtantia lapidea :* ce qu'il confirme encore
ailleurs, ou parlant de la rectification de l'air,
il dit. *Jllud quod remanebit poſt æris diſtillationem, erit
ignis tincturâ totus plenus.* Et c'eſt en cette tinctu-
re de feu que tous les Philoſophes s'accordent
auec Lulle, qui dit, *fili ſi miſceas ignem lapidis cum
Mercurio, ſtatim rubeus efficietur* & nôtre Triſmegiſte dit, *filius autem noſter rex genitus, ſumit tinctu-
ram ex igne.* C'eſt de cette terre & de ce feu, que
les anciens entendoient parler, ſous la feinte de
Veſta, qu'ils prenoient pour la terre & pour le
feu : ainſi Numa-Pompilius luy baſtît vn Temple rond, pour ſignifier la terre ronde ; dans
lequel étoit gardé le feu ſacré perpetuellement
allumé, entretenu par des Vierges. Cette Veſta
méme quoy que Vierge, a eu le ſoin de nourrir
Iupiter, pour ſignifier que le feu central n'eſt
pas vn feu détruiſant : mais doux, nutritif & moderé, qui fait que Pythagore auec beaucoup de
iugement, a dit que la terre étoit vne des eſtoilles,
pour dire qu'elle auoit de la lumiere & du feu
non éblouïſſant ny brûlant ; mais temperé, &
nourriſſant : & voila comment ce grand Philoſophe & ſecret Chymiſte déguiſoit les myſteres
de l'art, à l'imitation des plus anciens ; mais toû-

jours dans la méme intelligence , & par des
chofes , qui en leur nature , auoient des marques naïues de fon intention ; que fi les feintes
fur le grand Syfteme Celefte , ont abufé les
Aftronomes & fur tout Ptolomée ; Les particu-
lieres fictions de Pythagore , n'ont pas moins
abuzé Ariftarque , & les autres qui n'ont pas
conneu fon intention. Et cette grande opinion
du mouuement de la terre , dont nous auons
fait voir l'erreur, en l'introduction au Syftéme
naturel du monde , fe trouue auoir méme origine que les autres erreurs, qui ont été forgées,
fur les feintes Chymiques. Mais fi les vertigineux n'ont de l'ingratitude, ils fçauront bon gré
à la méme Chymie , qui leur apporte le Chari-
table remede apres auoir innocemment été caufe du mal; les Ptolomeiftes luy ont la méme obligation , & peut étre que les autres fçiences ne
rejetteront pas la lumiere, qui fort de l'étoile de
nôtre Pythagore.

P ij

Recapitulation Vranochymique & conclusion.

CHAPITRE XX.

PRES auoir montré que l'Astronomie s'est abusée sur les fictions hermetiques, tant en la nature, ordre, situation, que characteres des Planetes , & signes du Zodiac ; & qu'Aristarque ou les Coperniciens y ont aussi trouué leurs erreurs : Nous pourrions encor faire voir , qu'ils n'ont pas moins chopé , sur les mouuements directs , retrograde, & stationaire ; apogée, & perigée ; excentrique, & concentrique des Planetes ; puis que nous auons suffisament prouué en nostre introduction au Systeme naturel du monde, que cela n'étoit aucunement applicable aux Astres. Mais pour parler de ces choses, il faudroit s'engager à traicter expressement de la Chymie, contre nostre dessein, de n'en parler qu'autant qu'il est necessaire , pour monstrer que les anciens Astronomes ont puisé leurs imaginations, dans les feintes de l'art ; afin de desabuser le monde des erreurs de l'Astronomie Superieure ; & faire voir quelle est la vanité de l'Astrologie puis qu'elle a ses fondements sur de simples fi-

ctions, & par ce que nous croyons en auoir affés
dit, nous laifferons aux plus fubtils la recherche
des myfteres qui font cachez deffous ces mouuements. Et ayant tâché de tirer de l'erreur, ceux
qui parlent des Aftres, nous rendrons le méme
deuoir aux pretendants à l'Aftronomie Inferieure,
felon la portée de noftre connoiffance, reprenant
fuccintement vne partie des chofes fur lefquelles,
nous auons legerement paffé, & particulierement
fur les douze operations celeftes; marquées par
les fignes, faifant part au public de ce peu de lumiere que l'experience nous a donné, pour ayder
aux enfans hermetiques, à lire dans le Ciel de
l'art, ce que les anciens Sages y ont écrit : Non pas
pour engager perfonne dans ce grand labyrinthe;
mais au contraire pour retirer de l'entrée, ceux qui
n'ont pas le filet d'Ariadne, en leur faifant connoiftre les grandes difficultés, qui fe rencontrent
en cette affaire, qui auec raifon eft appellée
grande œuure. Pour cette caufe les anciens ont
feint des Heros, & des demy Dieux, enfeignants
que pour céte haute entreprife, il falloit auoir des
lumieres & des forces extraordinaires, & prefque
diuines, & pour la rendre de plus difficille con-
quefte, ils l'ont enueloppée de tant d'obfcurité,
qu'il eft tres-mal aifé de les entendre, & d'accorder leurs contradictions. Ils font neantmoins par-

faitement fidelles, & ne se seruent d'aucune me-
taphore, ny hieroglyphe qu'il n'aye en soy dequoy signifier naïfuement, la verité de l'intention
secrete. Si Trismegiste que nous pouuons nom-
mer le Maistre de l'art, dit que le sujet est vnique,
& qui *il est caché aux couernes des metaux, luy qui est*
vne Pierre venerable, vne couleur splendide, & large mer,
il montre quant & quant qu'il contient les trois
principes, qu'il enseigne ailleurs, a diuiser comme il sera dit plus bas : tous les autres Autheurs
s'accordants à cette verité, de quelque façon qu'ils
la deguisent. Celuy qui change Iupiter en cocu,
décrit en cét oyseau la méme chose, que celuy
qui le metamorphose en cygne, de qui les plumes
blanches couurant vne chair noire auec la melodie qui annonce sa mort, *conuiennent auec la noirceur*
de la Tortuë, sur laquelle se font tous les mémes
accords. Le Maistre dit que *le vent la porté en son*
ventre, & Polyphile en ce sens trouue le Roy & la
Reyne dans le ventre de l'Elephant, dont la pe-
santeur n'empesche pas qu'il ne signifie ce vent,
comme le marque l'vsage de sa trompe, dont le
vent est si puissant, qu'il en retient vn homme &
le jette à terre par le soufle ; enleuant par la seule
attractió les choses plus pesantes : & ainsi ce pesant
animal est le vray Hierogliphe de l'Æole Chymique, & dont la nature est fidellement marquée

dans les *Charaсteres* des Planetes que nous auons
fuffifament expliqués. Que fi le fujet de l'art eft
caché fous des couuertures fi efpoiffes, les operations ne font pas moins enueloppées, & ob-
fcurcies de feintes ; & fur tout la premiere preparation de laquelle les Sages ne parlent que
fort peu : nous l'auons appellée vulgaire & il eft
vray, non pas qu'elle foit fort commune : mais
par ce qu'il n'y à pas grande difficulté , & que le
plus ignorant y peut feruir ainfi que le plus fage,
fçauoir pour le trauail ; car pour la conduite, il y
faut employer la prudence, mais auec moins d'induftrie & de fcience, qu'aux autres operations : il
n'y faut qu'vn labeur patient, & que l'artifte foit
hardy & refolu : Ainfi Perfée vient à bout de Medufe fans grande difficulté : mais pour deliurer
Andromede & vaincre le monftre marin, il luy
faut le courage, la force, la conduite le pegafe,
le coutelas ; & la tefte qui petrifie tout ce qui la
regarde.

A pres cette premiere expedition fi cachée, les
Philofophes parlent de leurs operations , ou differentes difpofitions de leur ouurage, qui font
douze tres-neceffaires , que l'Aftronomie inferieure a marqué fous la feinte des douze fignes,
comme nous auons dit ailleurs. La premiere eft
l'extraction au figne *du Mouton*, dont Hermes parle

diſant *t̃rés du rayon ſon ombre & ordure* par laquelle ſe fait la premiere ſolution , & ſeparation des
accidents interieurs d'auec les exterieurs , & la
premiere demarche directe vers l'Orient de la
conception , où il faut beaucoup de ſageſſe pour
ſçauoir diſcerner le pur de l'impur.

Il faut encore plus d'induſtrie en la ſeconde operation qui eſt la *Solution* pour ſeparer ces accidents
internes , & faire la veritable ſolution Philoſophique , c'eſt icy où eſt le trauail ſuiui de meditation,
marqué par le *ruminant Taureau*, & la peine d'obeïr
à *Triſmegiſte* qui dit, *conſeruez en iceluy la mer le feu &*
le volatil du Ciel au moment de la ſortie , ce n'eſt pas la
ſolution vulgaire , qui pretend à la ſeule liquefaction : mais c'eſt la ſeparation des Elemens , ou des
trois principes Chymiques *Sel, Soufre & Mercure*,
qui ne peuuent jamais eſtre conduits à vne parfaite pureté , s'ils ne ſont ſeparez.

La troiſiéme operation eſt la *Rectification* , par laquelle , les elemens Chymiques ſont purifiez &
parfaitement nettoyez des plus intimes accidents, que le M. appelle *fumée, noirceur, mort* diſant
que s'ils ne ſont pas oſtés des trois principes , ils ne ſont pas
perpetuels : mais il faut bien de l'induſtrie , pour
ſuiure l'aduis du M. qui dit , *conſeruez le vif-argent*
qui eſt aux intimes cabinets : c'eſt pourquoy ceſte
operation eſt faicte au ſigne des *Gemeaux,* en la
maiſon

maifon de Mercure, parce que c’eft la plus ingenieufe & plus importante de toutes les operations.

Aiant ainfi purifié *le corps* , *l’ame* , *& l’efprit* ; il
faut faire *la compofition* , quatriéme operation qui
fe fait en *l’Efcreuice* , maifon de la Lune , qui in-
flüera fon humidité , *fur la terre fueillée* , à laquelle il faut rendre la vie par la reftitution des efprits , parce que felon noftre Trifmegifte , *les ef-*
prits defirent eftre dans les corps , quand ils font bien la-
uez , & fe rejoüiffent en iceux , & les ayant , ils les
viuifient & demeurent chez eux & les corps les con-
tiennent , & ne fe feparent jamais d’eux , & pour cét
effet il faut auoir clos la matrice , ainfi que dit
Hermes , *les contenant en vn vafe pur & fincere ,*
de peur que les efprits ne s’enfuient des corps.

Dedans le vafe ou œuf Philofophique , qui
doit étre de verre clair & net , fe fait la cinquiéme operation , au figne *du Lyon* , où vn feul principe qui eft *le Lyon Verd* des Philofophes , deuore
les autres deux , liquefiant le fel & le foufre ; &
pour cette raifon , eft appellée *Liquefaction* , que
le vulgaire appelleroit folution , comme quand on
diffout du fel dans l’eau , qui eft toujours fel , bien
qu’il ne paroiffe pas : car fi on euapore l’eau , le
fel demeure en méme nature & quantité qu’il
auoit été mis , ainfi cette diffolution des principes , les introduit fimplement l’vn dans l’autre

Q

fans feparer leur fubftance, & c'eft icy où la prudence eft neceffaire, pour la conduite du feu,
affin d'obeïr au Maiftre, qui dit, *faites que le vo-*
lant ne s'enuole deuant le pourfuiuant , & qu'il repofe
fur le feu , faifant que le feu échauffe, fans irriter
ce Lyon , de qui la queuë eft dangereufe, par la
patiente conduite du feu.

Le compofé étant reduit en confiftance| hu-
mide , fe fera la fixiéme operation , qui s'appelle *conionction* , ou mariage Philofophique , qui fe
folemnize chez Mercure au figne de la Vierge,
où Erigone, c'eft à dire la terre, eft pendüe en
l'air étant parfaitement mélée & eleuée auec les
principes fluides, & c'eft la grande *adaptation* des
principes tirez de cét *vn*, dont parle Trifmegifte,
difant, *Et comme toutes les chofes ont efté & font ve-*
nuës d'vn par la meditation d'vn , ainfi toutes les chofes
ont efté nées de cette chofe vnique par adaptation , & c'eft
affin de perpetrer les miracles d'vne chofe.

Dans l'étendüe des fignes *de Cancer, Leo &*
Virgo , le compofé a fait vne longue ftation, fans
auancer ny reculer, il eft temps qu'il demarche.
C'eft au figne *de la Balance* qu'il fera *retrograde* ,
courant de l'Orient à l'Occident par la *corruption.*
Septiéme operation, dont la noirceur annonce
la venuë , & qui eft fi abfoluëment neceffaire,
qu'Hermes dit, *que le corbeau eft le Principe de l'Art,*

& pour le mieux faire entendre, il dit, *si vous ne
sçauez mortifier & introduire la generation, viuifier les
esprits, les mondifier, & introduire la lumiere, jusques
à ce qu'ils soient purifiez de leurs taches & tenebres;
vous ne sçauez rien & ne parfairez rien,* c'est en cette
operation aussi que paroist la sagesse de l'Artiste, & où ses esperances commencent de luy
promettre bonne issuë de son labeur, suiuant
l'asseurance que luy en donne le Philpsophe, disant, *il vit en la putrefaction & les nuées noires, qui
estoient en iceluy deuant sa mort seront conuerties en
son corps.*

De la corruption ou putrefaction se fait la generation de l'Elixir, qui apres auoir *monté au Ciel,
descend en terre,* & commence *la coagulation,* huitiéme operation au signe *du Scorpion,* où le fixe
prend la domination sur le volatil; le sec sur l'humide, & les trois principes se joignent soubs la
consistance seche auec grande joye de l'Artiste, à
qui Trismegiste dit, *vous estes Roy couronné, reposant sur le puits de l'orpigment qui n'a point d'humeur.*
Et l'enfant Hermetique commence à se mouuoir
dans la matrice, & reprendre son chemin direct,
d'Occident en Orient.

La démarche de l'enfant Chymique sera vigoureuse, & si le sage guide augmente vn peu
le feu, la neufiéme operation fera voir la *dealba-*

tion du Sagitaire, où le blanc Iupiter domine, & fait cesser les tenebres, au parfait contentement du patient Chymique, se confiant aux paroles du Maistre, qui dit, *la propre Lune est ma lumiere, qui surpasse toute lumiere, & mes biens sont plus excellents que tous les autres biens. Ie donne aux sages & intelligents, la joye, la liesse, la gloire & les richesses.*

Vn impatient se contenteroit de cette lumiere, Mais le constant Philosophe, veut voir la lumiere solaire, & sur la parole du Maistre, qui dit, *& semblablement le Soleil suit la Lune*, voulant neantmoins dominer, conseruer l'Art, *& joindre le fils à la bube de l'eau*, qui est *Iupiter* qui est le secret caché, l'Artiste se dispose à la dixiéme operation, qui est la *fermentation* premiere, au signe *du Capricorne* qui se nomme encore *Cibation*: elle se fait auec le soufre essentiel, & non pas fixe, que nostre Mercure appelle onguent & feu, disant, *sçachez mon fils que l'onguent mediocre qui est le feu, est le milieu entre l'ordure & l'eau, & le scrutateur de l'eau*; & ailleurs il l'appelle Or, quand il dit, *le second est vrayement l'Or*, & encor apres, *le mediocre est l'or qui est plus noble que l'eau & l'ordure.*

En la fermentation cy-dessus il y sera arriué vn peu de corruption & de noirceur, laquelle cessera par la *Citrinisation* vnziéme operation qui se fait au Signe *du Verseau*, ou l'Artiste augmen-

tant vn peu le feu, commence à manifester l'occulte, & decouurir la puissance du soufre des
Philosophes, duquel Trismegiste parle, disant:
le Soufre est fait du Citrin qui est tiré du nœud rouge,
que s'il est citrin ce sera vostre sagesse, c'est à dire vous
aurez bien conduit l'ouurage, & suiui les preceptes de l'oculte Chymie.

Enfin la douziéme operation se fait au Signe
des Poissons, ou Venus se trouue exaltée en sa plus
haûte couleur, qui est si fort êclatante, qu'Hermes luy fait dire, *J'engendre la Lumiere, & les tene-*
bres ne sont point de ma nature. Et plus bas. *Il n'y a*
rien de meilleur & plus venerable que moy, quand ie suis
iointe auec mon frere, c'est aussi la fin tant desirée
du Philosophe, qui par le leuer de l'aurore est as-
seuré de la prompte venuë du Soleil & du Roy
de l'art, que Trismegiste fait parler disant, *Et le*
Roy dominant dit à ses freres témoignants : On me co-
ronne & suis orné d'vn diadême, & ie suis inuesti de
vostre Royaume, & je donne de la ioye aux cœurs, &
moy étant lié au sein & poitrine de ma mere & à sa
substance, ie fais reposer & contenir ma substance, &
ie compose l'inuisible du visible, alors le caché apparoîtra,
& tout ce que les Philosophes ont caché s'engendrera de
nous. Cela se trouue veritable en la *Rubification* derniere operation Philosophique, qui étant la conclusion du grand œuure Chymique, sera encore

la concluſion de ce traité de l'Aſtronomie Inferieure, où nous auons ſelon nôtre pouuoir,
montré l'abus de l'Aſtronomie Superieure, & la
cauſe de ſes erreurs, & quant & quant fait voir
aux curieux Chymiques, que dans les fables anciennes & fictions de l'Aſtronomie qu'on a appellée fabuleuze, ſont cachées les verités de l'art,
qui ne ſont pas ſi faciles à déueloper comme
les Chymicaſtres s'imaginent, dont la pluspart
ont leurs opinions diametralement oppoſées à la
verité. C'eſt en leur faueur que nous auons fait
cette recapitulation ſur la ſeule authorité de
Mercure Triſmegiſte., auquel s'accordent les
plus ſecrettes fictions, & tous les bons Autheurs
bien entendus ; affin que comparant leurs opinions auec ce que nous auons dit, ils connoiſſent
leurs erreurs, & ſe retirent de la perte du temps
& de la dépence inutile : s'ils ne me croient pas, il
ne m'importe, j'auray toujours cette ſatisfaction
de les auoir auertis de ce qui leur arriuera ; &
d'auoir ſelon ma puiſſance, tâché de deſabuſer
le monde, des erreurs de l'Aſtronomie Superieure & Inferieure ; & diſpoſé les eſprits à receuoir la verité, qui ſe découurira par l'experience des choſes que nous auons écrites. Dieu
veuille que ce ſoit à ſa gloire.

F I N.

ESSAY
DE
L'ASTRONOMIE
NATVRELLE,

Contre les opinions de Ptolomée, Copernicus
& Tichobrahé.

CHAPITRE PREMIER.

NOVS auons dit au commencement de ce liure, les raisons
pourquoy il a été separé de nostre
Systeme naturel du monde : mais
parce qu'en plusieurs lieux nous
disons, que l'Astronomie Superieure, ne peut
sauuer les apparences celestes, par la doctrine
qu'elle enseigne, affin de n'en retarder pas la
preuue, & appuyer les pretentions de la Philosophie Naturelle : nous auons jugé à propos

R

de la feconder par ce petit Effay, dans lequel nous pretendons faire voir la grande difference qu'il y a entre l'experience & l'opinion ; & entre les apparences, & la doctrine Astronomique. Ce ne fera neantmoins qu'autant qu'il fera neceffaire, pour fauuer les aduantages de l'Astronomie Inferieure, & faire voir, que l'Aftronomie qu'on a appellée Fabuleufe, auoit dans fes inuentions, des deffeins fecrets, & qui regardoient quelque autre chofe que les Aftres, puifque la fcience qui a pris fes fondemens fur les fictions Poëtiques, ne fe trouue pas conforme à ce qui fe lit dans les Cieux. Et parce que nous traiterons ailleurs amplement de la conftitution du monde, nous parlerons icy feulement de la diftance, grandeur, fituation, & mouuement des Aftres, ce que nous ferons brieuement, par de fimples raifonements & defcriptions, fans donner de figures demonftratiues, les chofes étant de tres-facile intelligence, comme étant tirées de l'experience ; & nous commencerons par le mouuement.

Il n'eft rien de fi ordinaire* au monde, que le mouuement, rien de fi frequent que fes effets, ny rien de fi inconneu que fa nature: fes differences qui ont autant de diuerfitez, qu'il y a de chofes compofées, ne font pas mieux

connuës que fon eſſence. Or toutes les choſes
ont vn certain mouuement , qui leur étant na-
tutel, eſt libre, ſimple & ſans violence , les élements mémes (quoy que ſimples) ont leurs mouuements , qui n'ont d'autre principe que leurs
inclinations, ſelon leſquelles ils agiſſent dans les
mixtes , ſuiuant la propottion du mélange , &
quoy qu'il y aie quelque choſe qui concoure à
leurs operations , elle ne violente pas non plus
qu'elle n'eſt pas violentée. Il ſemble que ce
mouuement concourant ſur les choſes élemen-
taires , eſt celuy qui ſe remarque aux Aſtres, lequel a eſté reconneu ſi neceſſaire , qu'on a creu
que leur repos cauſeroit l'vniuerſelle diſſolution
des choſes compoſées. Mais quoy que ce ſoit
le ſujet plus important de la ſcience Aſtronomique , & celuy qu'elle étudie le plus , elle a
neantmoins eu la veuë fort louche, & pris prefque tout le contraire du veritable mouuement
des corps celeſtes, leur déniant cette ſimple facilité de mouuoir , qui ſe remarque en toutes
autres choſes ſi admirable , & qui fait recon-
noître que la Nature agit toujours auec le plus
de ſimplicité qu'il ſe peut, n'employant jamais
pluſieurs moyens, là ou vn petit nombre ſuffit.
Contre cette verité qui ſe remarque en toutes
ſes actions , les Aſtronomes employent tant de

pieces diuerſes , pour faire mouuoir les Aſtres ſelon leurs imaginations, que parmy ces grands embarats, il y a de la peine d'y decouurir quelque lumiere , & méme de conceuoir les diuers embroüillements de leurs demarches celeſtes; car l'entendement qui eſt amy de la verité, ne reçoit leurs eſpeces imaginaires que par force, & ne demeure iamais bien perſuadé d'vne doctrine, que le ſens commun combat à tout moment , par des apparences contraires, ainſi que nous allons faire voir par les mouuements du Soleil , des eſtoilles fixes, & de la Lune, ces trois étants ſuffiſans pour noſtre deſſein.

L'Aſtronomie a été fort long temps qu'elle ne conſſoiſſoit pas d'autre premier mobile que la huictiéme Sphere: mais ayant remarqué, ou plûtôt imaginé, qu'elle auoit quelque mouuement, d'Occident en Orient, les Aſtronomes ont forgé vn neufuiéme Ciel, & encor apres vn dixiéme, où ils ſont maintenant arreſtéz comme au premier mobile. Cette dixiéme Sphere, diſent ils, fait vne entiere circonuolution d'Orient en Occident dans 24. h. completes , rauiſſant auec ſoy toutes les Spheres Inferieures tant des Planetes que des fixes, leſquelles outre ce mouuement violent , ont encore vn autre mouuement naturel, qui leur eſt propre & particulier, par lequel

elles courent d'Occident en Orient, vn certain
espace chaque jour qui fait leur course periodique , dans certain nombre d'années ou de iours·
Les estoilles fixes courent si peu d'espace par iour,
que ce n'est dans cent ans que 1. degré. 2 f.'
minutes, le Soleil 59.' 8" par iour, & la Lune 13·
d. 10.' 35." , mais l'experience verifiera si les apparences Celestes s'y accordent.

Il faut commencer par le premier mobile,
à qui les Astronomes , attribuent le mouuement de 24. h. mais comment en pourrons nous
faire l'experience, puisque selon les Astronomes,
il n'a rien de visible, non pas mémes , les animaux du Zodiac, dont ils ont dégarni la huitiéme Sphere , qu'ils ne conçoiuent que par des
Dodecatemories imaginaires, surquoy donc me-
surent ils ces 24. h ? Si c'est par imagination, les
diuisions seront de méme nature. Mais pourtant
le mouuement étant la mesure du temps, il faut
que la chose mouuante soit sensible, & l'espace
qu'elle court aussi, affin que par la diuision de
l'espace , on puisse faire la diuision du temps:
que si le mouuement du premier mobile pretendu, ny l'espace , ny la chose mouuante , ne
frape aucun des sens, céte dixiéme Sphere ima-
ginaire , ne peut seruir d'instrument à mesurer
le temps.

R iij

Les Anciens étoient plus raisonnables , établiſſants le premier mobile , à la huictiéme Sphere, laquelle a les qualitez neceſſaires pour être vn iuſte inſtrument, à meſurer la durée des choſes; car elle eſt tres viſible par le grand nombre d'eſtoilles qu'elle contient, & ſi ſon mouuement eſt parfaitement reglé, & ſans nule difference, ainſi le temps pourra être iuſtement meſuré, & diuiſé par ſa courſe iournaliere, & par le cercle, que chacune des eſtoilles decrit en ſa circulation: outre que ſuppoſé que le premier mobile ſoit vne choſe réelle, les eſtoilles fixes courent ſi peu de leur mouuement naturel par iour , que cela n'eſt pas ſenſible, & ainſi elles approchent le plus du mouuement de 24. h. & ſont tres propres à ſeruir de meſure pour tous les autres mouuements. Mais pour cét effect il faudroit compter les 24. h. par vne entiere circulation des eſtoilles, diuiſer le cercle en .4. parties égales affin de marquer les heures , aiuſter les montres , les Horologes, & tout ce qui ſert à la meſure du temps par le mouuement des fixes , & c'eſt ce que les Aſtronomes ne font pas; au contraire, ils meſurent le temps & tous les autres mouuements des Aſtres par le mouuement du Soleil, content leur iour de vingt quatre heures tout d'vne ſuite , & d'vn midy à vn autre midy; c'eſt

à dire, que depuis le depart du Soleil du meridien de Paris, jufqu'à fon retour fur le méme
meridien, ils content leurs vingt quatre heures,
en forte qu'il faut que le Soleil ayé couru les
trois cens foixante degrez de longitude pour
accomplir les 24. h. que dans 1. h. il coure *15*. d.
& dans 4. minutes 1. d. & ainfi de leurs plus
menües diuifions , mefurant toujours le temps
par l'efpace que le Soleil a couru; & nonobſtant
cela ils difent, que le Soleil court par fon mouuement naturel vn degré par jour , d'Occident
en Orient , ou felon la fucceffion des Signes.
Si cela eſt veritable , le Soleil partant aujour-
dhuy du meridien, dans 24. h. apres ayant couru vn d. d'Occident en Orient, fe trouuera reculé du meridien, d'vn d. fi cela eſt vray on ne
peut donc pas compter les 24. h. par fa courfe
puifqu'elles ne feront pas completes, que quand
il fera de retour fur le meridien : or les 24. h. font
écoulées & le Soleil eſt reculé d'vn d. il luy faudra 4.′ pour courir c'eſt efpace , & ainfi il ne
courroit le cercle entier que dans 24. h. 4′ & le
mouuement de 24. h. ne pourroit étre compté
par le Soleil. Mais pourtant c'eſt l'vfage des
Aftronomes, de les compter par la courfe Solaire d'vn midy à vn autre, en forte que l'ombre
foit marqué au méme lieu que le jour aupara-

uant, on ne peut donc pas dire, que le Soleil retarde ou recule vers l'Orient d'vn d. dans 24. h. & par confequent il ne faut donc pas compter les heures du jour par le Soleil, ou bien il faut confeffer qu'il n'a pas la pretenduë courfe d'Occident en Orient.

Peut-étre que la Lune nous donnera quelque apparence pour découurir la verité fur le mouuement que les Aftronomes luy font faire, felon la fucceffion des fignes, ils enfeignent, que la Lune court par jour de fon mouuement propre 13 d. 10.′ 35.″ & que par ce mouuement, elle fait fa courfe fynodique & periodique ; il faut voir fi les apparences s'accordent auec cette opinion. Il fe voit tous les mois que la Lune, apres fa conjonction au Soleil, foit qu'elle courre, ou qu'elle retarde vers l'Orient, de certain efpace par iour, fe trouue en quadrat afpect auec le Soleil dans 7. iours 9. h. 11.′ que dans 14. jo. 18. h. 22.′ elle eft en oppofition au Soleil, dans 22. jo. 3. h 33.′ la Lune eft en fon fecond quadrat ou dernier quartier ; & dans 29. jo. 12. h. 44′ elle retourne en conionction. Or fi la Lune étant en l'oppofition, fe trouue fur le meridien, & que l'on obferue de combien, elle s'en trouuera éloignee dans 24. h il fe verra que c'eft feulement de 12. d. 11.′ 27.″ & que par vn pareil ef-

pace

pace chaque iour dans 7. jo. 9. h. 11.´ elle fera diſtante du meridien de 90 d. & du Soleil de pareille eſpace; ce qui ne pouroit étre, ſi elle courroit par iour, ce que que diſent les Aſtronomes, car à 13. d. 10.´ 35.″ par iour dans 6. jo. 19. h.
56´ elle feroit éloignée du meridien de 90. d.
Mais ſi le Soleil couroit vn d. par iour d'Occident en Orient, pendant ce temps là, il ſe trouueroit éloigné du meridien où il étoit lors de
l'oppoſition de plus de 6. d. & ainſi la Lune ſeroit d'vn coſté éloignée du lieu de ſon oppoſition
de 90. d. & du Soleil de 96. ce qui arriueroit neceſſairement tous les mois, & pourtant cela ne
s'eſt jamais veu, & par conſequent il n'y a pas
13. d. 10.´ 35.″ ny de pretendu mouuement du
Soleil dans l'écliptique.

Faiſons vne autre experience, par la Lune,
& le meridien : il n'eſt rien de ſi certain, que
le pole de l'horiſon, & le Zenith de chaque
lieu ſont immobiles, & que le meridien qui
paſſe par le Zenith, les poles & le Nadir eſt auſſi
immobile & inuariable, ſur chaque lieu particulier; & qu'ainſi il eſt vn lieu de iuſte compa-
raiſon, pour meſurer le temps, & l'eſpace de la
courſe des Aſtres. Cela étant ainſi conneu, que
l'on remarque la Lune ſur le meridien, en ſon
premier ou dernier quartier, ou vn peu deuant,

S

ou apres, affin qu'elle paroisse en méme temps
que le Soleil ; & qu'en méme temps qu'elle par-
tira du meridien, on marque l'ombre du Soleil,
sur quelque lieu immobile , & que dans 24. h.
apres le Soleil venant marquer l'ombre en méme lieu , on remarque le temps que la Lune
employera, pour retourner sur le meridien, d'où
elle étoit partie, si elle auoit couru 13. d. 10.′ 35.″
dans 24. h. elle ne pourra être de retour sur le
meridien que dans 24. h. 54.′ parce que si elle
a couru 13. d. 10.′ 35.″ dans 24. h d'Occident en
Orient, le premier mobile n'aura raui du cercle
de la Lune que 346. d. 49.′ 25.″ qui ne seroit par
h. que 14. d. 27.′ 4.″ tellement qu'à ce compte
pour ramener la Lune sur le meridien, il y faudroit le temps de 54.′ necessairement pour courir les 13. d. 10.′ 35.″ que la Lune se trouue éloignée du meridien. Or l'experience journaliere
sçait qu'il en faut rabatre plus de quatre minutes, il n'y a donc pas l'espace qu'enseigne l'A-
stronomie.

Mais la Lune auec les estoilles fixes nous
donneront bien quelque fauorable apparence.
Car si la Lune & vne estoille sont à méme temps
sur le meridien , dans 24. h. apres la Lune se
trouuera éloignée du meridien de 12. d. 11.′ 27.″
vers l'Orient, & l'estoille de 59.′ 8.″ vers l'Occi-

dent , & voila les 13. d. 10.´ 35.˝ des Aſtronomes , parce que l'eſtoille étant de retour ſur le
meridien dans 23. h. 56.´ & quelque ſecondes,
dans les 4.´ qui font les 24. h. elle a couru vers
l'Occident pres d'vn degré , tellement que par
cette diligence de l'eſtoille, & par le retardement
de la Lune, elles ſe rencontrent dans 27. jo. 7. h.
42.´ parce que la Lune ayant retardé 12. d. 11.´
27.˝ par jour, & l'eſtoille auancé 59.´ 8.˝ l'vne &
l'autre ſe trouuent éloignées du meridien & du
Soleil de 26. d. 55.´ 18.˝ que la Lune par ſon retardement accomplira dans 2. jo. 5. h. 2.´ & voila qui montre à méme temps , la veritable eſpace que la Lune recule par jour , & que les
eſtoilles fixes n'ont pas le mouuement de 24. h.
puis qu'elles courent par jour 360. d. 59.´ 8.˝ Par
toutes ces apparences du Soleil, de la Lune &
des fixes, dont l'experience eſt grandement facile, il ſe voit clairement , que le premier mobile , les douze ſignes du Zodiac , les mouuement direct, & retrograde, & ſtationaire, ne ſe
peuuent rencontrer auec les apparences Celeſtes , & que l'Aſtronomie a pris ces imaginations des fictions de la ſcience Hermetique,
à laquelle ces inuentions apartiennent & s'em-
ploient naïfuement, à deſcrire aux enfans de la
Philoſophie Naturelle , & cacher au vulgaire,

S ij

les plus grands mysteres de la grande CHYMIE.

. Mais apres auoir montré ce qui contredit l'experience, il faut parler de ce qui s'accorde auec l'apparence , & verifier que la nature agit toujours auec simplicité , & par les moyens les plus libres, & les moins composés. Ainsi touts les Astres tant fixes que errants , sont logez dans l'étenduë du firmament , dans lequel ils sont leurs courses , auec la méme liberté que les oyseaux dans l'air, mais pourtant limitez à de certains termes & distances, qu'ils n'outrepassent jamais, ayant dans cette espace leurs mouuemnts libres, naturels, simples, & vniques , par lesquels ils accomplissent inuariablement, la course qui leur est ordonnée dés le temps de leur creation, tant, journaliere, synodique que periodique, sans dependance d'aucun corps superieur , ny sans étre portez d'aucun different que de leur propre balancement , dans lequel & dans leur mouuement ils sont entretenus , par la méme puissance qui les a créez. Le Soleil fait sa course en ligne Spirale, comme sur vn cylindre, dont la surface est paralele à l'axe du monde , sur lequel est le centre de ses Elices, & duquel il est toujours également distant, & par ce seul mouuement , il fait la course iournaliere d'Orient en Occident, s'auanceant insensiblement, vers

l'vn ou l'autre tropique , pour la courſe periodique ou annuelle , par laquelle courſe journaliere , ſont comptez tous les autres mouuements & la durée du temps , laquelle a eſté di-
uiſée en 24. parties egales de 15. d. chacune,
comprenant les 360. d. de longitude, en comptant
depuis le meridien, iuſques au retour ſur le méme cercle , qui s'appelle jour naturel , & cette
reuolution iournaliere , ſe fait toujours dans vn
temps parfaitement egal , ſans auancer ny reculer d'vn ſeul poinct , vers l'Orient ny vers l'Occident.

La Lune a ſon mouuent en ligne ſpirale, au
reſpect de l'axe du monde , qu'elle fait auec
méme ordre & liberté que le Soleil , faiſant ſa
courſe d'Orient en Occident, & en méme temps
vers l'vn ou l'autre tropique, elle court les 360.
d. de longitude dans 24. h. 49. ′ enuiron ; fait
ſa viſite periodique, dans 27. jo. 7. h. 41. ′, &
ſa courſe ſynodique dans 29. jo. 12. h. 44. ′, &
par la ſeule difference du temps de ſa courſe,
prend ſes diuers aſpects & diſpoſitions auec les
autres Aſtres.

Les eſtoilles fixes, ont leur mouuement ſimple, libre & purement circulaire, retournant toutes ſur le méme point , dont elles étoient parties,
& ſur lequel elles ferment le cercle , qu'elles

parcourent toutes enſemble , & chacune leur cercle grand ou petit dans 23. h. 56. quelques ſecondes , étant toutes concentriques à la terre pour leur diſtance , ſelon quoy elles forment comme vne ſuperficie concaue, mais pour leur circulation , elles ont toutes les centres de leurs cercles ſur l'axe du monde , faiſant vne reuolution entiere au reſpect du Soleil , dans vn an peu moins , auec lequel elles prennent leurs conionctions , oppoſitions & autres diſpoſitions , ainſi que les Planetes , ſi non corporellement , au moins ſelon les degrez de longitude, & par ce petit retardement ſur leur courſe annuelle, elles ont reculé , depuis enuiron deux mil ans , la premiere eſtoille du chef d'Aries eſtoillé , du poinct de l'Æquinoxe, de pres de 29 d. compoſant cette grande reuolution ſi celebrée des Anciens & Modernes : voila les mouuements que l'apparence monſtre , & que l'experience verifie veritables ; mais quittons le mouuement , pour parler d'autre choſe.

De la distance du Soleil, & de la Lune, au centre de la terre.

CHAP. II.

Dieu fait toutes choses en poids, nombre, & mesure, & cette verité est si remarquable aux creatures, par les admirables proportions de leurs compositions essentielles & exterieures, que c'est assez, comme on dit, d'auoir l'ongle du Lyon, pour connoistre toutes les proportions de son corps. La diuine sagesse garde vne telle iustice en tout ce qu'elle fait, qu'elle donne aux creatures iustement ce qui est necessaire, pour la fin qui leur est ordonnée, sans que la superfluité puisse étre remarquée en nulle chose de la Nature. Mais si cette verité est tres sensible en toutes les choses qui sont sur la terre, il y aura bien de la peine, de la sauuer sur la grandeur & distance des Astres, si l'on s'en raporte aux mesures des Astronomes. Car quelle proportion se rencontrera-t'il, de la grandeur de la terre, auec la grandeur des estoilles fixes, & qu'étoit-il be-

ſoin de les faire ſi grandes , & de les éloigner à pluſieurs millions de lieuës , pour les faire
paroiſtre ſi petites , mais combien eſt mon-
ſtrueuſe céte diſproportion, ſi l'on conſulte Lanſbergius ce grand Copernicien , qui taille les
eſtoilles fixes à pluſieurs, mille fois plus grandes
que la terre ? Il n'étoit point beſoin de cette
extrauagance pour apuyer l'opinion du mouuement de la terre , ny de cette injure à la nature,
qui luy reproche la ſuperfluité de laquelle elle
paroiſt ſi ennemie, que ſi les vrayes apparences
des Aſtres ſont bien examinées , il ſe trouuera
qu'il eſt toujours veritable que Dieu fait toutes
choſes en poids, nombre & meſure.

Le Soleil ayant été creé pcur preſider au
jour , & Dieu ayant voulu qu'il fuſt la ſource
de la lumiere, de qui les autres Aſtres la réce-
uroient , & la communiqueroit par reflection
ſur la terre , que les eſtoilles fixes n'en fuſſent
iamais priuées, que la Lune en ſouffrit quelquefois le defaut ; & que la méme nous en priuaſt
auſſi à quelque rencontre, & outre cela que le
Soleil fiſt la diuerſité de iours , & de ſaiſons, &
que ſoubs l'Æquateur , les iours & les nuiçls
fuſſent touſiours quaſi egaux. Il a été neceſſaire que pour toutes ces choſes, Dieu donnaſt
au Soleil vne grandeur qui excede celle de la
                                                  terre

terre , & qu’il l’ait logé à vne diftance proportionnée. Pour cét effet il la placé dans le Firmament , diftant du centre du monde, de 27.
femidiametres de la terre pour le plus , parce
que cét éloignement fuffit , pour faire que le
Soleil paroiffe fous l’Æquateur , la moitié de fa
courfe iournaliere , & qu’à l’autre moitié, il foit
caché fous l’horifon : ce qui fe verifiera tres-
bien par la figure dont voicy la defcription.
Que l’on décriue vn petit cercle pour marquer
la terre, qui aye deux pouces de diametre, que
fur le méme centre on en décriue vn autre, qui
aye 27. pouces de femidiametre, que l’on tire la
ligne diametrale du grand cercle , & que les
deux bouts du diamettre font pris pour l’Orient
& l’Occident, que l’on marque apres fur le
grand cercle, vn point pour l’Æquateur, ega-
lement diftant de l’Orient & l’Occident , &
qu’apres on marque fur le petit cercle , ou la
terre vn point correfpondant à l’Æquateur , fi
de ce point on tire deux lignes, l’vne au poinct
de l’Orient, & l’autre au poinct de l’Occident,
elles feront de fimple attouchement au petit
cercle , fans entrer dans la ligne courbe ; tellement que de ce poinct, on peut voir l’Orient
& l’Occident , fans empéchement du conuexe
de la terre : or ces deux poincts éloignez du

petit cercle, font diftants de l'Æquateur de 90.
d. & l'vn de l'autre de 180. d. & ainfi du poinct
fur la terre, on découure parfaitement la moytié du grand cercle, & l'autre moytié eft entierement cachée. Mais fi on décrit vn troifiéme
cercle, dont le femidiametre foit feulement de
trente pouces, & que l'on pourfuiue les lignes
tirées du poinct de la terre, fous l'æquateur iufques à la rencontre du troifiéme cercle, cette
recontre fe fera au deffous du diametre, & de
là iufques à l'Æquateur il y aura plus de 90. d.
& ainfi du poinct de la terre, on verra plus de
la moitié du troifiéme cercle, & moins de la
moitié fera fous l'horifon. Que fi on decrit vn
cercle moyen, dont le femidiametre n'aye que
treize pouces, les lignes fufdites le couperont
inegalement, & de chaque poinct de la fection
iufques à l'Æquateur, il n'y aura pas plus de
87. d. & de l'vn à l'autre, il n'y aura que 174 d.
qui foient veus du poinct du petit cercle,
qui eft fix degrez moins que ce qui eft caché
Selon ces proportions, fi le Soleil étoit feulement éloigné de la terre de 30. femidiametres,
il paroiftroit plus de douze heures fous l'Æquateur, puifque plus de la moytié de fon cercle y
feroit vifible, car il court 360. d. en 24. h c'eft
dans 12. h. 180. d. qui eft la moitié du cercle, &

fi le cercle eft plus vifible , ainfi fera le Soleil.
S'il eft à la diftance de 13. femidiametres feulement , parce que de fon cercle il ne pourroit
étre veu que 174. degrez, auffi il ne paroiftroit
que 11. h. 36. ´ puis qu'il court par heure 15. d.
& pour vn degré il court quatre minutes. Mais
le Soleil étant éloigné de la terre de 27. femidiametres, comme toute la moytié de fon cercle fera vifible , ainfi il paroiftra la moytié de
fa courfe iournaliere , qui eft 12. h. & cela eft
infaillible. Car que l'on augmente la figure décrite iufques à l'infiny , gardant les mémes proportions, elle produira les mémes apparences,
& montrera à méme temps la raifon de la va-
rieté des iours, par les differentes grandeurs des
paralelles , qui allant toufiours en diminuant
iufques au dernier climat , & changeant toujours la proportion du petit cercle au grand,
il fe trouue que les iours font plus grands en
Efté , à proportion que les paralelles font plus
petits. Et cependant , ils demeurent toufiours
prefque de méme grandeur fous l'Æquateur,
parce que la proportion ne varie pas de plus
d'vn diametre de la terre, que le Soleil fe trouue plus éloigné du centre du munde, étant au-
tropique du Capricorne , & au tropique du
Cancer, que lors qu'il eft aux deux Æquinoxes.

T ij

Ce n'eſt pourtant pas qu'il aye apogée ny perigée, quoy qu'il ſoit preſque touſiours excentrique à la terre. Car cette excentricité, eſt ſur
l'axe du monde, duquel il eſt touſiours également eloigné, (comme nous ferons voir en nôtre Syſteme) étant impoſſible que le Soleil s'en
éloigne ou s'en approche, ſans changer la meſure des iours.

Voila vne proportion que les Aſtronomes
n'ont iamais remarquée; ils n'ont pas méme ſoub-
çonné, qu'vne diſtance plus grande ou plus
petite fuſt capable de changer la meſure des
iours, puiſque dans leurs ſupputations, ils ne
font pas difficulté de differer les vns des autres
de deux ou trois cens ſemidiametres de la terre,
& de compter l'excentricité iuſques à plus de
90. ſemidiametres. Cette ridicule approche du
Soleil, dont on parla tant il y a quelques années, ne rencontra pas cét obiection dans la
doctrine Aſtronomique, qui marque qu'elle a
dénié aux Cieux la proportion harmonique, qui
fait la belle conſonance du monde. Mais afin
de bien établir noſtre proportion, il la faut com-
parer à vne apparence celeſte, ſelon qu'elle a
été obſeruée par tous les Aſtronomes, & voir
ſi l'Aſtronomie Naturelle ſe trouue raiſona-
ble.

Il eſt conneu de tout le monde, que l'Eclipſe du Soleil ſe fait par l'interpoſition de la Lune, & les Aſtronomes ont obſerué que la plus lon-gue Eclipſe, depuis le commencement juſques à la fin, ne dure pour l'ordinaire que trois heu-res, & que du commencement juſques au mi-lieu de l'Eclipſe, la Lune court 1. h. 30′ dans le-quel temps ſe fait l'entiere interpoſition du corps Lunaire entre la terre & le Soleil, que céte Eclip-ſe eſt ſans demeure, & qu'elle n'eſt jamais vni-uerſelle ſur la terre: cela étant ainſi étably, ſup-poſons que maintenant à Paris la Lune ſoit ſur le point de nous priuer de la veuë du Soleil, & que deja l'extremité Orientale de la Lune ſe ioigne au bord Occidental du Soleil, dans 45′ la Lune aura couuert la moitié du Soleil, & dans 1. h. 30.′ il ne ſera plus viſible. Mais cette priua-tion n'aura pas de durée: car incontinant apres, ſon extremité Occidentale commencera à ſortir des tenebres, & dans 22.′ 30.″ la quatriéme par-tie du Soleil ſera viſible, dans 45.′ la moitié ſera découuerte, & apres 1. h. 30.′ il paroitra ſans obſtacle. Pour raiſonner ſur cette apparence, ſuppoſons que l'éclipſe ſoit complete, & que le Soleil ſoit tout caché, & que luy & la Lune demeurants immobiles, deux hommes par-tent de Paris, l'vn aille vers l'Orient & l'autre à l'Occident ſur vn méme paralelle, quand ils auront marché chacun 5. d. ils verront chacun la quatriéme partie du Soleil, & entre eux deux la moitié, en ſorte que les lignes viſueles touchant les extremités Orientale, & Occidentale de la Lune rencontreront le diſque Solaire à la quatriéme partie de ſon diametre : or ces deux lignes viſueles ſont paralelles, enfermants dans elles la moitié de la largeur du Soleil, le diametre de la Lune, & la diſtance des deux hommes qui eſt de 10. d. que s'ils marchent encor en s'éloignant de Paris chacun iuſques à 11. d. enuiron, l'vn & l'autre verra la moytié du Soleil, & entr'eux deux tout le Soleil, en ſorte que les rayons viſuels touchant la Lune ſe rencontreront & feront angle ſur le centre Solaire, & formeront vn triangle iſoſcelle ; par les 2. lignes viſuelles qui feront les deux côtés égaux, & par la diſtance des deux hommes, qui fera la baze ou le plan du triangle, qui ſelon l'apparence ſera de plus de moitié plus grande que le diamettre de la Lune ; & ainſi il ſe trouuera que ce n'eſt que de la premiere ſtation qu'il faut tirer conſequence que la largeur de la Lune, eſt autant grande dans ſon cercle que valent dix degrez ſur la terre. Sur cette méme operation il faut conceuoir vn autre triangle, par deux lignes vifuelles tirées de Paris vers la Lune & le Soleil, dont le diametre Solaire foit la baze, laquelle fera égale au plan du premier triangle: car puifque la Lune cache tout le Soleil à Paris dans 1. h. 30.′, & que deux hommes diftans de Paris chacun de 11. d. peuuent voir tout le Soleil, le diametre Solaire vifible fera égal à la diftance des deux hommes, qui eft de 22. d. Que maintenant on imagine vne ligne, de l'homme qui eft vers l'Occident à l'extremité Orientale du Soleil, & de l'homme qui eft vers l'Orient à l'extremité Occidentale Solaire, elles fe rencontreront au centre de la Lune, & formeront deux triangles égaux, dont les bazes feront le diametre du Soleil, & 22. d. fur la terre ayant les côtés de la Lune au Soleil égaux aux coftez de la Lune à la terre ; & par ainfi, la diftance de la terre à la Lune eft égale à la diftance de la Lune au Soleil. Examinons la diftance de la Lune feulement, puifque par celle la l'éloignement du Soleil fera conneu.

Nous auons montré que le diametre de la Lune ne pouuoit étre plus grand que de la valeur de 10. d. fur la terre, il faut voir quelle efpace la Lune occupe dans fon cercle. Il a été dit qu'elle employe 1. h. 30. à′ interpofer fon corps au deuant du Soleil; c'eft donc l'efpace qu'il a

falleu à loger tout ſon Globe. Or ſelon les Aſtronomes, la Lune court par ſon mouuement naturel d'Occident en Orient, 13. d. 10.′ 35.″ par
iour ; mais parce qu'à leur dire, le Soleil court
59.′ 8.″ dans le méme temps, il ne faut con-
ter que ſur 12. d. 11.′ 27.″ leſquels étant diuiſez
en 24. parties égales, ce ſera 30.′ 28.″ peu pres
que la Lune courra par heure, & ſi elle a couru 1. h. 30.′ l'eſpace ſera 45.′ 44.″ qui eſt la proportion que le diametre de la Lune a auec ſon
cercle, qui ſeroit enuiron la 472. partie, des 360.
d. du cercle. Or ces 45.′ 44.″ valant dix degres
ſur la terre, il faut voir quelle proportion c'eſt
auec la profondeur de la terre, qu'il faut chercher par la circonference. Tout cercle étant diuiſé en 360. d. le diametre à raiſon de 22. à 7. aura
114. d. 32.′ quelques ſecondes, ſur lequel diametre comparant les 10. d. de la largeur de la
Lune, ils ſe trouueront vnze fois & demy peu
moins, & ainſi pour vn diametre de la terre il
faut 11. ½ diametres de la Lune, que ſi elle occupe dans ſon cercle la 472. partie, le diametre de
la terre, y occupera la 41. enuiron ; parce que
11. ½ ſont 41. fois peu pres dans 472. tellement
que la circonference du cercle de la Lune eſt enuiron de 41. diametres de la terre, ſurquoy cher-
chant le diametre de ce cercle Lunaire, à raiſon

de

de 22. à 7. ce fera enuiron 13 diametres, & le femidiametre du cercle de la Lune, aura 13. femidiametre de la terre, qui eft la diftance de la
Lune au centre du monde, laquelle tenant le
milieu entre le Soleil & la terre, comme nous
auons montré, la diftance du Soleil fera donc
de 26. femidiametre. Nous auions dit 27. mais
c'eftoit prenant la chofe à la plus grande rigueur. Les Aftronomes font bien differents de
ces mefures : car plufieurs éloignent la Lune à
64. femidiametres, & le Soleil à 1300. & Lanfbergius fait de grands efforts, pour éloigner le
Soleil à 1500. femidiametres : fi cela étoit vray,
le jour feroit quelquefois fous l'Æquateur de plus
de 18. h. de long, felon la proportion neceffaire,
& fuiuant que nous auons montré par l'éclipfe
du Soleil. Mais cette apparence bien examinée
par l'experience méme, ainfi que nous montre-
rons en nôtre Syftême fauue cette grande verité, que Dieu fait toutes chofes en poids, nombre & mefure, que nous allons encor verifier
fur la grandeur des Aftres.

V

De la grandeur du Soleil & de la Lune.

CHAP. III.

A Sainte Escriture nous enseigne que Dieu fist deux grands luminaires, le grand & le petit, le grand pour le jour, & le moindre pour la nuit, si les hommes portent le respect qui est deu à la parolle de Dieu, apres le Soleil, la Lune sera estimée le plus grand des Astres. Mais si l'opinion interuient, & que les Astronomes fassent valoir leurs instruments, la moindre des estoilles fixes sera mesurée à plusieurs grandeurs de la terre, & vne estoille de la premiere grandeur, sera taillée à plus de 4000. fois plus grande que la Lune; quelle étrange disproportion d'vne estoille dont l'office en la famille de la nature, est incomparablement moindre que celuy de la Lune, & auec cela qu'elle soit 107. fois plus grande que la terre, & pour augmenter sa dignité, l'auoir éloignée, à plus de 25. milions de lieuës, cela est inconceuable, comme il est sans raison, & ne peut s'accomoder auec l'adorable sagesse de Dieu, qui ne fait rien auec superfluité. Fai-

fons voir cette verité, en la grandeur du Soleil & de la Lune, & montrons toujours par
les apparences celeftes, combien la verité differe de l'opinion.

Il nous faut rappeller l'apparence de l'Eclip-
fe du Soleil, pour parler de la grandeur de la
Lune. Il a efté monftré qu'elle occupe en fon
cercle 45.′ 44.″ & qu'il faut de fes diame-
tres 11 $\frac{1}{2}$ pour vn diametre de la terre ; or le
quarré de 11. $\frac{1}{2}$ eft 132. $\frac{1}{4}$ & le cube fera 1526.
enuiron, que la Lune fe trouuera plus petite
que la terre, c'eft neantmoins vn corps de belle groffeur, puis qu'il eft encor plus grand de
moitié que la France, & qu'ayant fa largeur
de dix degrez du cercle de la terre, il a trois
cens lieuës de diametre, le voila pourtant bien
diminué, de la groffeur que luy donnent les
Aftronomes, qui trouuent que la Lune eft grande d'vne trenteneufiéme partie de la terre. Que
fi les eftoilles demeurent de la grandeur, qu'enfeigne la doctrine : l'eftoille Sirius feroit plus de
163000. fois plus grande que la Lune, il ne faut
pas s'étoner, fi fes ardeurs furmontent l'humidité
de la Lune, & fi au temps de la Canicule, la
chafferefle Diane ne fçauroit garantir fes chiens
de la rage. Mais pourtant nous efperons de
montrer bien-toft, que ce grand chien, pour-

V ij

roit bien entrer dans le manchon de la Lune
sans l'empecher d'y loger ses mains.

Et si la Lune est si petite, comment peut-el-
le eclipser le Soleil qui est si grand ? Selon les
Astronomes, il est 166. fois plus grand que la
terre, & si la Lune est moindre 1526. fois, le
Soleil seroit plus de 253000 fois plus grand que
la Lune, & neantmoins nous voyons qu'il nous
est caché par cette petite Lune, & qu'elle est
encor capable de nous cacher tous les autres
corps celestes. Si nous croyons les Astronomes
sur la grandeur visible du Soleil, dont ils me-
surent le diametre à 31.′ de son cercle, nous ne
sçaurions monstrer qu'il soit plus grand que la
terre, car dans vn cercle qui n'aura le diametre que de 26. diametres de la terre, 31.′ seroit
de beaucoup moins que le diametre de la terre,
& quand bien nous donnerions au Soleil 45.′
44.″ dans son cercle, comme à la Lune, ce
qu'en tout cas on ne luy peut denier, nous ne
trouuerions pas encor nôtre compte. Il faut donc
voir s'il n'est pas plus grand qu'il paroist, & si
tout son diametre est visible.

Puisque l'Eclipse du Soleil, nous a seruy pour
connoître la grandeur de la Lune, il faut que
l'Eclipse de la Lune nous donne entrée à la mesure du Soleil, elle nous fait premierement con-

noiſtre qu'il eſt plus grand que la terre, entant
que les eſtoilles qui ſe trouuent diametralement
oppoſées au Soleil, ſont entierement éclairées,
pendant que la Lune, paſſant dans l'ombre de
la terre, ſe trouue priuée de lumiere ; ce qui decouure que l'ombre de la terre eſt fait en cône,
& que les eſtoilles ſont au deſſus de la pointe du
cône, & par conſequent le Soleil eſt plus grand
que la terre, parce que ſelon l'optique ; ſi vn
corps lumineux en éclaire vn moindre, l'ombre
produit, ſera reduit en cône : qui finira à certaine diſtance : que ſi le Soleil étoit ſeulement d'égale grandeur à la terre, toutes les
eſtoilles qui ſeroient oppoſées au Soleil, ſe trou-
ueroient eclipſées, à cauſe que ſi vn corps lumineux en éclaire vn égal, l'ombre produit ſera d'egale largeur à l'infiny, mais puiſque les
eſtoilles oppoſées, ſe trouuent touſiours éclairées, la conſequence eſt neceſſaire de dire, que
le Soleil eſt plus grand que la terre. Mais ce
n'eſt pas aſſez de ſçauoir que le Soleil eſt plus
grand que la terre, il faut chercher la proportion, & voir ſi l'ombre de la terre nous en
donnera quelque marque.

Si nous conſultons la Doctrine Aſtronomique, Ptolomée nous dira que, à 64. ſemidiametre de la terre qui eſt la diſtance de la Lune, en

son apogée, l'ombre de la terre a sa demy largeur de 40.′ 45.″ & sa largeur entiere de 1. d. 21.′
30.″ laquelle comparée au diametre de la terre,
sera enuiron les trois quatriémes parties. Pour
courir cét espace , la Lune en la plus longue
éclipse employe 4. h. & plus, que s'il étoit aussi
large que la terre , elle y employeroit pour le
moins 5. h. puisque la terre est vne quatriéme
partie plus large que l'ombre. Cela étant ainsi,
il faut donc que la Lune pour courir le diametre du disque Solaire , employe autant de fois
5. h. comme il est de fois plus large que la terre,
qui est selon la commune opinion , de $5\frac{1}{2}$. diametres de la terre enuiron. Argolus Autheur
moderne , luy en donne dauantage , & Lansbergius Copernicien luy en donne plus de $7\frac{1}{2}$. Or
$5\frac{1}{2}$. largeurs de la terre à 5. h. pour largeur, fai-
ront 27 h. 30.′ pour la course de la Lune sous le
Soleil, laquelle courant 12. d. 11.′ 27.″ dans 24 h.
elle marchera 13. d. 58.′ 5.″ dans 27. h. 30.′ Ce qui
ne peut être autrement , car si des extremités
Orientale & Occidentale du Soleil, on tire deux
lignes paralelles jusques au cercle de la Lune,
elles y enfermeront vn espace égal au diametre
du Soleil , & par consequent, à $5\frac{1}{2}$. diametres
de la terre , lequel espace la Lune ne courra,
que dans 27. h. 30.′ puisqu'elle ne court le dia-

metre de l'ombre que dans 4. h. qui eſt vn quatriéme plus petit que la largeur de la terre Voila
qui eſt bien contraire à la Doctrine , qui enſeigne que la Lune parcourt le diſque Solaire
dans 3. h. car ſi cela étoit, le Soleil ſeroit d'autant plus petit que la terre, que la Courſe de 4. h.
eſt plus longue que celle de trois, ou bien il faudroit que la Lune courut beaucoup plus viſte ſous
le Soleil , qu'elle ne fait dans l'ombre , il faut
voir ſi l'apparence en dira quelque choſe.

Les apparences des faces de la Lune , entrant
ou ſortant des rayons du Soleil, ne ſont pas toujours ſemblables , ſes diuerſes latitudes & declinaiſons, ſont cauſe des differences qui s'y re-
marquent; mais il arriue quelquefois , qu'entre
face & face , la Lune met l'interualle de trois
jours, & que lors elle ceſſe d'étre veuë à 12. d.
diſtante du Soleil , du coſté de l'Occident , &
qu'elle ſe montre, à 12. d. éloignée du Soleil vers
l'Orient. De l'vne à l'autre face, la diſtance eſt
de 36. d. 34.´ 21.´´ puiſque la Lune court 12. d. 11.´
27.´´ par jour de difference auec la courſe du Soleil: elle a couru 24. d. hors du Soleil , ſçauoir
12. d. de ſa derniere face au Soleil & 12. d. du
Soleil à ſa premiere face , le reſte de la courſe de
trois jours qui eſt 12. d. 34.´ 21.´´ ſera donc ſous
le Soleil , & c'eſt autant d'eſpace que le Soleil

occupe dans son cercle : la consequence en est necessaire , & voicy vne autre apparence qui ne
la contredira pas.

Les Astronomes ont remarqué , & l'experience le verifie que les estoilles fixes de la premiere grandeur , en leur sortie des rayons du
Soleil, qu'on appelle *Ortus heliacus*, ne peuuent
étre visibles qu'a 12. d. de distance, & qu'allant
vers le Soleil ou le Soleil vers elles , à pareille distance de 12. d. elles ne paroissent plus. Or l'interualle de ces entrées & sorties est , de 40. jo.
ou de 38. pour le moins, qu'elles demeurent cachées, ou dans les rayons du Soleil , ou sur le
corps du Soleil , & la difference de la course des
estoilles auec le Soleil, est de 59.′ 8.″ par jour,
selon la doctrine , tellement que dans 38. jo. l'e-
stoille où le Soleil aura couru 37. d. 27.′ 4.″,
dequoy ostant 12. d. de l'entrée & autant de la
sortie , qui font 24. d. il restera 13. d. 27.′ 4.″
pour la largeur du diametre Solaire. Car si les
estoilles sont superieures au Soleil , comme asseurent les Astronomes (contre l'apparence) ce
sera autant de degrez au cercle Solaire , comme il s'en remarque en la Sphere des fixes. Mais
cette proportion est bien éloignée de celle des
Astronomes , qui ne donnent au Soleil que 31′
& ce n'est que la 691. partie , & par les appa-
rances

rences décrites, quand bien il n'y aura que 12. d. le
diametre du Soleil occupera la 30. partie du cercle qu'il décrit chaque jour. Toutes ces choses
étant bien examinées, sur l'ouuerture que nous
en auons donné, & comparées aux apparences
celestes, il se trouuera qu'il faut encor rabattre
de la distance que nous auons donnée au Soleil,
& que sa grandeur n'est pas dix fois plus grande que la terre , ainsi que nous démontrerons
en nostre Systeme. Car en voila assez pour vn
Essay.

De l'ordre & situation des Astres & particuliere-
ment du Soleil, contre l'opinion Copernicienne.

CHAPITRE IV.

SI la simplicité & facilité des mouuements des Astres, & les proportions de leurs distances & grandeurs , sont des marques sensibles
de la sagesse diuine , leur ordre &
situation n'est pas moins admirable : l'excellence, la dignité, l'office , & la grandeur y sont
parfaitement placées selon leur merite. Ainsi
le Soleil , qui sans doute est le plus excellent

X

dés Aſtres, qui eſt le plus digne, comme celuy qui communique la lumiere aux autres, de
qui la charge eſt la plus grande, puis que c'eſt
à luy à nous faire les iours & les ſaiſons, à faire
produire à la terre, les fleurs & les fruits à con-
courir à toutes les Generations, qui fait dire
au Philoſophe *Sol & homo generant hominem*,
& qui eſt l'ame, l'ornement, & la vie du
Monde, ſans la lumiere duquel, toutes les beau-
tez de la Nature ſeroient à l'ombre, & en fin qui
eſt incomparablement plus grand qu'aucun des
autres Aſtres. Par tous ces auantages qu'il poſſede auec eminence, il meritoit bien d'étre
placé au lieu ſuperieur, affin que de là il diſtri-
buaſt auec largeſſe, ſa lumiere & ſes influences
à touts les corps celeſtes inferieurs, & à la terre.
C'eſt auſſi pour cela que Dieu l'a logé au plus
haut lieu du firmament, & qu'il a placé la Lune en la partie plus baſſe, comme la plus em-
preſſée au ſeruice de la Nature, & pour d'autres raiſons que nous dirons ailleurs. L'Aſtronomie n'aduoüera pas cette propoſition, de la
ſituation du Soleil: il y a ſi long-temps qu'elle l'a poſé au deſſous des fixes de Saturne, Iupiter & Mars, à l'imitation du Syſteme de l'A-
ſtronomie Inferieure, qu'il ne ſera pas facile de
la tirer de ſon opinion. Toutefois, ſi les appa-

rences sont bien examinées , il se trouuera que celuy qui a dit : *In Sole posuit Tabernaculum suum* , sçauoit bien que c'est le plus haut & le plus beau lieu de la Nature.

Pour preparer les preuues de cette verité, il faut dire quelque chose de l'horison , & l'examiner sur la doctrine des Astronomes, lesquels d'vn commun consentement , disent que l'horison est vn grand cercle , qui diuise le Ciel en deux parties egales , l'vne visible sur l'horison, l'autre cachée soubs l'horison , que du zenith qui est le Pole de l'horison, à toutes les parties de ce grand cercle , il y a 90. d. & qu'ainsi tout l'Hemysphere est parfaitement visible , & particulierement par la huitiéme sphere , comme estant la plus capable de celles qui paroissent Cette opinion est si bien établie, que personne n'en doute , & neantmoins les apparences nous disent le contraire, & Ptolomée méme l'a remarqué, sans le connoistre , voicy comment il se contredit à soy méme. Obseruant la declinaison des estoilles, vers la partie australe, & celles qui pouuoient estre visibles en Alexandrie d'Egypte, il dit que la derniere estoille qui paroist sur l'horizon d'Alexandrie , est l'estoille appellée *Cano-bus* en la constellation *Argonauis* , cete estoille est de declinaison australe , à 51. d. 37. ´ de l'Æ-

quateur , & Alexandrie eſt à 30. d. 58. ´ de latitude Boreale : & le zenith d’Alexandrie , eſt
à 30. d. 58. ´ de l’Æquateur, puiſque ſelon la doctrine , le zenith eſt autant eloigné de l’Æquateur, que le Pole eſt éleué ſur l’horiſon. Or aſ-
ſemblant 30. d. 58. ´ du zenith d’Alexandrie à
l’Æquateur, auec 51. d. 37. ´ de l’Æquateur à l’e-
ſtoille, ce ſera 82. d. 35. ´ de diſtance du zenith
ou pole de l’horiſon à l’eſtoille *Canobus* : Ptolomée dit, que c’eſt la derniere qui paroiſt : ſi elle eſt en l’horiſon; il n’y a donc pas 90. d. du zenith en l’horizon , & il s’en manque 7. d. 25. ´
& par conſequent l’horiſon ne partage pas la
huitiéme ſphere en deux parties égales. On dira peutétre que *Canobus* pourroit-étre la derniere eſtoille qui ſeroit veuë en la partie auſtrale,
& étre éleuée ſur l’horizon de 7. d. 25. ´ qũi feroient les 90. d. de diſtance du zenith d’Alexandrie : mais il y a dans le méme Aſteriſme du
Nauire d’Argos , vne eſtoille en la Carene , dont
la declinaizon eſt de 53. d. 12. ´. Il y en à encore
vne autre à 54. d. 2. ´ & l’vne ny l’autre ne paroiſt pas en Alexandrie, & quand bien celle de
54. d. 2. ´ ſeroit en l’horizon auec les 30. d. 58. ´
de latitude d’Alexandrie , cela ne feroit que 85.
d. qui eſt 5. degrez moins que de 90. & ainſi
cette apparence monſtre que l’horizon ne par-

tage pas le Ciel, des fixes , en deux parties égales , & qu'il n'y a point d'eſtoille qui puiſſe paroiſtre à 90. d. du zenith a l'horizon.

Iean de Leri en ſon Hiſtoire de l'Amerique,
nous fournira vne autre apparence , il dit que
paſſant ſous la ligne Æquinoctiale, il remarqua,
que l'on ne pouuoit voir ny le pole artique ny
l'antartique, & qu'il falloit marcher deux degrés
pour en découurir l'vn ou l'autre. Cela dit de
ſoy-méme que l'vn & l'autre pole ſont chacun
deux degrés ſous l'horiſon en l'Æquinoctial & par
conſequent qu'il n'y a que 82. d. du Zenith en
l'horiſon. C'eſt icy où l'experience demandera
d'étre iuge de la queſtion , alleguant que deux
eſtoilles diametralement oppoſées , & par conſequent diſtantes l'vne de l'autre 180. d. comme
ſont, *Palilitium* & *Antares* au dire des Aſtronomes, peuuent eſtre veuës en méme temps ſur
l'horizon , l'vne montant & l'autre deſcendant,
& par ainſi qu'il demeure vray que l'horizon partage le Ciel des fixes en deux parties égales &
qu'il eſt diſtant du Zenith de 90. d. Mais cela
n'eſt qu'vne apparence de l'inſtrument, & ſur lequel meſurant le leuer & le coucher de la Lune,
ils ſe trouueront diſtants l'vn de l'autre de 180.
d. tout de méme que des deux eſtoille. Que ſi
la Lune étoit encor de moitié plus proche de la

terre , la méme apparence ſe trouueroit par l'inſ-
ſtrument & c'eſt la cauſe des erreurs ſur la diſtan-
ces des Aſtres , car les Aſtronomes comptants les
diuiſions dans les Cieux , comme ils les font ſur
l'inſtrument; quoy qu'ils ſçachent que deux cercles décrits l'vn dans l'autre , ſur differents centres , ne ſe peuuent diuiſer l'vn par l'autre pro-
portionellement par des lignes paſſant par les
centres. Or les eſtoilles fixes ſont rangées dans
leur Sphere , toutes à égale diſtance du centre
de la terre , & l'inſtrument a vn centre particulier
ſur le conuexe de la terre , diſtant du centre des
fixes d'vn ſemidiametre , tellement que ſi on
diuiſe le cercle de l'inſtrument en portions égal-
les, elles ne ſe rencontreront pas proportionel-
les , ſur vn cercle deſcrit en la huitiéme Sphere,
car ſoit tirée vne ligne perpendiculaire au Zenith qui tombe à angles droits ſur vne ligne
plate, qu'on appellera horizontale , chacun des
angles aura 90. d. & la ligne viſuelle tirée vers
l'horizon , le marquera diſtant du Zenith de
90. d. Mais cette ligne plate ou horizontale, ne
peut étre imaginée que paralelle au diametre de
la terre , & par conſequent au diametre du cercle des fixes , & ainſi il s'en manquera toujours,
d'vn ſemidiametre de la terre , qu'elle ne ioigne
le diametre du grand cercle , & c'eſt dautant

qu'il s'en manquera que l'on ne decouure 90. d.
quoy que l'inftrument les marque ainfi. Cela
arriuera tout de méme, à touts les cercles les plus
éloignés, & les plus proches, fans faire de difference; & méme quand la terre feroit excentrique au monde, & proche du cercle de la Lune
de 5. ou 6. femidiametres, l'inftrument marque-
roit toujours 180 d. pour le diamettre de l'horizon, & 90. d. de l'horizon au pole, & n'en mar-
queroit pas dauantage, quant les eftoilles feroient
éloignées à la monftreufe diftance, où les loge
Lanfbergius: le deffaut de direction de la ligne
vifuelle fur la bonne foy des pinnulles ou de
l'Alidade, contribuë beaucoup au mécompte,
nous en parlerons en nôtre Siftéme, cherchons
des apparences naturelles & laiffons les inftruments, puifqu'ils font fi fujets à erreur.

Les preuues tirées de Ptolomée, & de Iean
de Lery, ayant montré que les eftoilles fixes ne
pouuoient paroitre, à 90. d. du Zenith, font
voir que la huitiéme Sphere n'eft pas également
partagéé par l'horizon & ainfi qu'vne eftoille
placée en l'Æquateur ne paroiftra pas 12. h. fur
l'horizon: ce que l'experience trouue tres veritable, car que l'on obferue le leuer d'vne eftoille,
par exemple celle qui eft en la ceinture d'Orion,
& que l'on mefure le temps qu'elle employera,

iufques, à fon coucher, elle ne fera vifible que
11. h. 50.´ & ainfi elle n'aura couru de fon cercle
fur l'horifon que 177. d. 30.´ puifque dans 24. h.
elle court les 360. d. felon les Aftronomes: &
cela fait voir que la mefure des inftruments,
n'eft pas fort affeurée, & que les eftoilles ne font
pas fi éloignées de la terre, comme l'on auoit
creu.

Il faut encor appuyer cette apparence, par
la courfe iournalliere de la Lune. Nous auons
montré fuffifamment que la difference des mouuements du Soleil, & de la Lune étoit par iour
de 12. d. 11´ 27. ˝ & que la Lune ne couroit
dans 24. h. que 347. d. 48.´ 33.˝ Mais pourtant
lors que la Lune eft oppofée au Soleil en l'Æquinoctial, fi le Soleil paroift 12. h. & court 180. d.
la Lune paroîtra auffi 12. h. mais parce qu'elle
eft plus lente que le Soleil de 30.´ 28.˝ par heure,
elle ne courra dans fon cercle que 173. d. 24.´
16.˝ & c'eft affin de verifier cette parole, *vt præ-
effet nocti* de la Saincte Ecriture, qu'elle marche
ainfi lentement: car fi elle alloit auffi vifte que
le Soleil, le cercle de fa courfe ne pouuant étre
veu fur la terre de toute la moitié, comme celuy
du Soleil, par les raifons que nous auons dé-
duictes parlant de fa diftance, la Lune n'auroit
peu efclairer toute la nuict, comme elle fait en
l'op-

l'oppofition, & la capacité du conuexe de la terre,
empechant, que fous l'æquateur on ne puiffe voir
de fon cercle que 174. d. enuiron, elle n'auroit
été vifible que 11. h. 34.´ & ainfi fon retardement fuppleant à l'efpace, eft caufe que toujours
en la plaine Lune, elle paraît toute la nuict par tout
le monde, & qu'à méme que le Soleil fe couche
la Lune fe leue. Mais quoy que l'vn & l'autre
paroiffent à méme temps fur l'horizon, ils ne
font pas d'égale diftance du Zenith: car le Soleil, en eft à 90. d. & la Lune n'en eft éloignée,
que de 87. & fi elle employera autant de temps
à fe rendre fur le meridien, comme le Soleil,
qui en court 90. parce qu'elle ne marche que
14. d. 30.´ enuiron par heure, & le Soleil en court
15. & voila comment la fituation des Aftres fe
remarque par leur prefence fur l'horizon, étant
infaillible, que le cercle des plus éloignés, eft
plus vifible fur la terre que celuy des plus proches, comme il fe trouue par celuy de la Lune,
& par la difference de fon mouuement auec le
Soleil. C'eft pourquoy fi les eftoilles fixes étoient
par deffus le Soleil, & à la diftance de 19000.
femidiametres, comme difent quelques Aftronomes, elles paroiftroient plûtôt & plus long-
temps fur l'horizon que le Soleil, & felon la proportion que nous auons montrée de la diftance de

Y

la terre au Soleil, vne eſtoille fixe montant ſur l'horiſon ſous l'Æquateur, employeroit plus de 8.h.
pour aller au Zenith, & la diſtance ſeroit de ſon
leuer au vertical de plus de 120. degrés : le pole
auſtral paroiſtroit en Alexandrié, & l'on verroit
touiours les deux tierces parties de la Sphere
des fixes pour le moins. Mais au contraire puis
qu'elles paroiſſent moins de temps ſur l'horizon
que le Soleil, il faut neceſſairement qu'elles ne
ſoyent pas ſi éloignées de la terre.

Nous auons dit cy deuant que le Soleil couroit les 360. d. de ſon cercle dans 24. h. tout le
monde eſt d'accord, que ſous l'Æquateur il y
paroiſt touiours 12. h. par iour, c'eſt donc la moitié du cercle qui eſt 180. d. & par conſequent,
c'eſt 90. d. de l'horizon au Zenith, & c'eſt
l'Aſtre qui paroit le plus long-temps ſous l'Æ-
quinoctial, touts les autres y paroiſſent moins de
temps, excepté la Lune à cauſe de ſon retardement : & ainſi il faut conclurre que le Soleil eſt
le plus eloigné de la terre & par deſſus tous les autres aſtres.

La lumiere & le mouuement eſtant les ſeules
eſpeces ſenſibles que nous receuons des Aſtres,
apres que le mouuemét nous a ſerui par pluſieurs
apparences, la lumiere nous monſtrera encore
quelque choſe qui s'accordera aux conſequences

que nous en auons tirées des diuerfes illumina-
tions de la Lune, nous monftrant clairement, que
fa lumiere ne nous eft donnée que felon les diuerfes difpofitions qu'elle prend auec le Soleil , &
que ce n'eft qu'à noftre refpect qu'elle change de
face, eftant toufiours quafi également éclairee
du Soleil; mais parce que la partie illuminee n'eft
pas toute tournee vers la terre, nous ne la voyons
entiere, que lors qu'elle eft en l'oppofition , &
& que le mefme cofté que le Soleil regarde, eft
tourné deuers nous; mais à mefme temps qu'elle reprend fon chemin deuers la conionction, peu
à peu fa face lumineufe fe defrobe de noftre
veuë, iufques à ce qu'eftant fous le Soleil, elle ne
paroift plus, parceque nulle portion de ce qui eft
clair n'eft tourné vers la terre. Par le mefme ordre
tous les Aftres reçoiuent & nous font reflection de la lumiere qu'ils reçoiuent du Soleil,
n'y en ayant pas vne que s'efloignant du Soleil
ne fe découure plus vifible, iufques en certaine diftance , & qui s'approchant du Soleil, elle
ne diminuë la lumiere qu'elle nous reflechit,
iufques à ce qu'elle fe cache toute à certaine
diftance, felon les grandeur & fituation.

De toutes les eftoilles Venus eft celle qui
nous donne fa lumiere plus proche du Soleil,
fe conferuant vifible iufques à 5. h. de diftance

tant à l'entrée qu'à la sortie du Soleil, que si elle est visible à cét espace en la situation que les Astronomes auoüent, s'il y a des estoilles par dessus le Soleil, elles paroistront pour le moins à 5. d. de distance, sortant des rayons du Soleil, pour plusieurs raisons : si ce sont des estoilles de la premiere grandeur, estant selon les Astronomies 107. fois plus grandes que la terre, elles seront prés de 4000. fois plus grandes que Venus : & si elles sont 19000. semidiametres distantes de la terre, ou 14000. selon quelques Astronomes, le degré estant plusieurs fois plus grand qu'au cercle de Venus, la distance de 5. d. dans leur cercle, feroit vn espace plus grand que 50. d. dans celuy de Venus, & ainsi elles pourroient estre veuës à 5. d. de distance du Soleil, par la raison de leur situation : car à mesme qu'elles sortent du Soleil, elles pourroient parroistre sur la terre, si la lumiere ne les offusquoit; parce que la mesme partie de l'Estoille que le Soleil esclaire, est celle-là mesme qui est tournée vers la terre, & qui ne se rendra pas plus visible, par l'éloignement; comme il arriue à Venus, & à la Lune, au contraire, en s'esloignant du Soleil, elle diminueroit sa lumiere, & se rendroit moins visible iusques à certaine distance, & par mesme rai-

son , en s'approchant du Soleil , depuis 40.
d. pour le moins , l'Eftoille qui feroit fuperieu-
re augmenteroit fa lumiere , & en s'approchant
fe rendroit plus vifible ; ainfi que faict la Lune,
allant vers l'oppofition , parce qu'elle tourne-
roit fa face éclairée vers la terre, en forte qu'é-
tant iointe au Soleil , toute fa face eclairée,
feroit tournée vers la terre , & feroit toute vifible fi le Soleil ne fe trouuoit entre deux ; &
çella arriueroit neceffairement , tant aux grandes qu'aux petites Eftoilles , qui feroient vifibles incontinent que la grande lumiere du Soleil ne les offufqueroit plus: & puifqu'à 5. d. Venus peut étre veuë , nonobftant les rayons, les
Eftoilles feroient tout de mefme vifibles à 5. d.
du Soleil. Il ne fe trouuera point de raifon qui
puiffe fouftenir qu'elles ne doiuent pour le moins
paroiftre auffi toft que Mercure , qui eft eftimé
fi petit , qui nonobftant fe peut voir à 10. d.
du Soleil , & les Eftoilles de la premiere grandeur, eftants au deffus du Soleil , & fi grandes
comme l'on les taille , ne paroiftront qu'à 12 d.
cela eft incompatible auec leur fituation , &
impofible qu'vne eftoille , qui augmente fa lumiere en s'efloignant du Soleil, & qui la diminuë, en s'en approchant , foit au deffus du Soleil. Or l'apparence fait voir , que tous les

Astres tant fixes que errans se rendent plus visibles , par l'esloignement , & plus obscurs par l'approche du Soleil, la consequence est necessaire de dire que tous sont au dessous du Soleil.

Cette verité estant bien reconneuë, il n'est pas difficile de découurir qu'est-ce , qu'on a appellé les taches du Soleil, & les obseruations du sieur Tarde Chanoine de Sarlat , qui a remarqué, que les taches qu'il appelle Planetes, marchent vnze ou douze iours quelquefois au deuant du Soleil , ne contredit pas à l'apparence que nous auons décrite, disant que les estoilles fixes courent 13. d. dans le Soleil. Leur entreé en la partie Orientale & leur sortie par l'Occidentale , s'accommode à ce que nous auonsdit que les estoilles fixes deuançoient la course du Soleil de 59.′ 8.″ par iour , & le variable nombre, grandeur & disposition que ces taches prenent au deuant du Soleil, se trouue dans la difference des grandeurs & figures des estoilles , & plusieurs autres choses que nous reseruons de dire en nostre Systeme, & sur tout cette proportion , que ces pretenduës taches & Planetes ont dans la face Solaire, dont la plus grande n'a pas la 30. partie du diametre du Soleil, auec la situation que nous venons de montrer, feront voir

que la reduction de 19000. femidiametres à 20.
femidiametres pour le plus, fur la diftance des fixes, & la grandeur de 107. fois la terre, reduite à
plufieurs mille fois moindre que la terre, s'accorde parfaitement bien à ce que nous auons dit
au commencement de cét effay, que Dieu fait
toutes chofes en poids, nombre & mefure.

Voyla ce que l'Aftronomie Naturele auoit à
dire, pour appuyer les interefts de l'Aftronomie
Inferieure, laquelle pourra apres ces preuues,
pretendre auec Iuftice, que l'inuention du premier mobile & des 12. fignes, les diuers mouuements des Aftres, & les Siftemes de Ptolomée, Copernicus & Tichobrahé, font des feintes
pour deguifer & cacher fes myfteres, puifque
rien de tout cela ne fe rencontre auec les apparences Celeftes, & l'on ne pourra pas dire que
ce foient feulement des fimples applications : ce
qu'elle s'attribuë eftant tres expres pour defcrire
tous les fecrets de l'art. Mais la Philofopihe naturelle ayant dit dans fes fictions, par la bouche
de Pythagore, que la terre étoit vne eftoille, &
que cela a été caufe du vertige d'Ariftarque, il
faut que l'Aftronomie Naturelle effaye d'y donner du remede.

Nous auons donné vn fpecifique excellent,
capable de guarir tout feul la Maladie d'Ariftar-

que, par la preuue de la fituation du Soleil par
deffus les eftoilles fixes , pour acheuer l'entiere
guarifon , il faut fixer la terre & la remettre au
centre de l'vniuers. La voila déja qui donne des
marques , qu'elle a repris fon ancienne place, &
cette inuariable difpofition qu'elle conferue auec
les eftoilles, qui nous paroiffent toujours fur l'horizon vers le pole Boreal , monftre que iamais
elle ne s'enéloigne ny approche , & qu'elle demeure à vne mefme diftance. Le mouuement an-
nuelne fe pourroit pourtant faire autrement, & fi
les parties de la terre , qui regardent l'Æquateur,
ne changeoenit iamais de place , nous aurions
toufiours vne mefme faifon, parce que fi le Soleil ou la terre ne declinent de l'Æquateur, il
n'y aura iamais qu'vne mefme temperature d'air,
puifque c'eft l'approche ou reculement du Soleil qui le change. Il faut donc que l'vn ou l'autre démarche , & que maintenant que le Soleil eft au folftice d'Efté , il fe foit approché du
pole Boreal , ou bien que la terre ayt decliné
vers le pole Auftral ; mais fi cela eftoit nous
verrions neceffairement , plus grand nombre
d'Eftoilles qui ne coucheroit pas fur l'horifon
de Paris , & beaucoup moins au folftice d'Efté:
car fi vn homme marchant fur la terre , du Septentrion au midy , peu à peu decouure dauantage

tage d'eftoilles, vers le pole Antartique, en forte
qu'étant à 10. d. d'éleuation Septentrionale, il
découurira l'eftoille Canobus , qui ne peut paroitre à Paris, il en arriuera de méme, fi la terre
a mouuement vers l'vn ou l'autre pole, parce
que fi la terre demeurant en repos, la demarche
de l'homme a produit cét effet, tout de méme
fi la terre marche, l'homme prendra les mémes
difpofitions auec les eftoilles, que s'il auoit che-
miné fur la terre. L'imaginée diftance de Lanfbergius des fixes à la terre, ne fçauroit rendre le
mouuement annuel infenfible, fur la declinai-
fon, parce que s'il fe remarque que la terre change de difpofition, auec vne eftoile, d'vn degré
par jour d'Orient en Occident, foit que la terre
marche,ou que ce foit l'eftoille. La méme chofe
fe remarquera vers le Septentrion, puifque les
eftoilles forment vne fuperficie concaue, fur le
centre du Monde ; & le mouuement d'Occident en Orient d'vn degré par jour, ne fçauroit
paroiftre que l'ennuel du Septentrion au Midy,
de 47. d. ne fuft extrément remarquable.

Mais fi cette apparence annuelle étoit neceffaire, la journaliere le feroit encore autant,
& fi la terre étoit excentrique à l'vniuers, l'éleuation du pole feroit variable à tout moment;
car fuppofé que la terre foit portée dans vn

Z

grand cercle, de 3000. semidiametres de largeur
selon Lansbergius , & qu'estant en l'Æquinoxe,
l'vn & l'autre pole soient veus à minuit ; sur le
poinct du jour , ils seront veus à plus de 5. d.
d'eleuation chacun ; & voicy comment , si on
tire sur la terre vne ligne qui soit paralelle au
diametre de la terre , & qu'on la poursuiue jusques à la Sphere des fixes , cette ligne sera aussi
paralelle au diametre de la Sphere , & la rencon-
trera eloignée du pole de 1500. semidiametres , le
pole étant veu en l'horison sous l'Æquateur , ce
sera donc par vne ligne visuelle , qui sera in-
clinée vers le diametre de la Sphere des fixes,
& la rencontre de la ligne paralelle sur la méme
Sphere , sera éloignée du pole de 1500. semidiametres , & autant éleuée sur l'horison. Aprés
cela , faisant la méme operation à midy , la ligne tirée sur la terre, étant toujours paralelle à
l'axe du Monde, en sera plus proche de 2. semidiametres , & ira rencontrer la Sphere des fixes,
à la distance du pole de 498. semidiametres: &
comme dans la nuict , l'autre ligne paralelle à
l'axe étoit éleuée sur l'horison à 1500. semidiametres , tout de méme le jour , la ligne tirée
vers l'horison , sera dessous la ligne paralelle , au
diametre des fixes , distante de 1500. semidiametres , & par ainsi le pole seroit éleué sur l'ho-

rifon à midy , de 2998. femidiametres , qui eſt
vne diſtance aſſez notable, pour étre remarquée.
Mais elle ne ſe trouuera pas ainſi par l'experience ; car cette éleuation ſe faiſant infenſible-
ment par le mouuement de la terre ſur ſon propre axe , ſi dans 12. h. elle ſe changeoit de
2998. femidiametres , elle ſeroit differente dans
6. h. de 1499. & ainſi à Paris au mois de De-
cembre , que les nuits y ont 16. h de long , on
auroit le moyen de faire cette obſeruation. Que
s'il ſe trouuoit que le pole euſt changé ſa hautheur , l'opinion du vertige de la terre ſeroit
bonne ; mais ſi elle ſe trouuoit inuariable, Ariſtarque ny Copernicus n'ont pas bien raiſonné,
étant du tout impoſſible que le pole varie ſa
hauteur , ſi l'Axe du Monde paſſe par le centre
de la terre ; & au contraire incompatible que
le pole ne change ſon éleuation à toute heure,
ſi la terre eſt excentrique à l'vniuers , ſoit que
la terre ſe meuue , ou que ce ſoit la ſphere des
fixes , on n'a pas encore veu cette variation
journaliere , & par conſequent la terre eſt concentrique au firmament.

Il y a encore vne autre apparence qui repugne auec l'excentricité de la terre , ſur laquelle
eſt fondée cette maxime , que là où le pole eſt
en zenith , l'Æquateur eſt en l'horiſon , & où

le pole eſt en l'horiſon , l'Æquateur eſt ſur le zenith , ainſi celuy qui ſera directement ſous le pole artique , aura le pole antartique pour Nadir , & la ligne tirée de ſon zenith au Nadir, ſera la méme que l'Axe du Monde, paſſant par le centre de la terre ; mais cette verité ne ſe peut ſauuer par l'opinion Coperniciene : car ſuppoſé que la terre ſoit dans vn cercle , ſous l'Æquateur , & que les poles du Monde ſoient en l'horiſon , les poles de la terre ne correſpondront pas aux poles du Monde, comme nous auons deja montré , & celuy qui ſeroit placé ſous vn pole , ſeroit debout ſur la terre en méme allignement que l'Axe de la terre, & la ligne paſſant par le centre , ſeroit paralelle à l'Axe du Monde , & diſtante ſelon Lanſbergius, de plus de 1500. ſemidiametres , tellement que le zenith du Pole de la terre , ſeroit éloigné du pole du Monde de 1500. ſemidiametres , & vne figure faite ſur cette deſcription , fera voir que cela ne pourroit étre autrement , & cette apparence n'étant pas , l'excentricité de la terre ne le peut étre non plus.

La maladie d'Ariſtarque étant inueterée , cét opiniâtre vertige a beſoin d'vn remede ſouuerain, il faut méme y employer des paroles de l'Ecriture ſainte. Il eſt dit en la Geneſe, que

Dieu fiſt *Luminare maius vt præeſſet diei & lumi·
nare minus vt præeſſet nocti* , & comme Dieu a fait
toutes choſes *in pondere numero & menſura* , il a
ordonné la courſe du Soleil & celle de la Lune,
en ſorte qu'en l'oppoſition de ces deux luminaires , les tenebres ſont chaſſées de la terre, le
jour par le Soleil , & la nuit par la Lune; car à
méme temps que le Soleil s'abſente , la Lune
paroiſt, & quand l'vn ſe couche , l'autre ſe
leue, & ainſi par tout où le Soleil eſt abſent, la
Lune eſt preſente. Et parce que le Soleil ne paroiſt pas maintenant ſous le pole Antartique, la
Lune y va paroiſtre pendant ſes plus grandes il·
luminations , y étant touſiours viſible depuis
ſon premier quadrat juſques au dernier quartier,
& de méme que le Soleil monſtre ſous chacun
des poles , la moitié de ſa courſe annuelle ſans
interruption , ainſi la Lune leur fait part
de la moitié de ſa courſe periodique , ſans leur
cacher ſa face, & par cét ordre il ſe voit, que
la parole de Dieu eſt toujours veritable. La demarche reglée de ces deux Aſtres, nous fait vne
apparence parfaitement conforme à cette verité;
car il ſe voit que lors des Æquinoxes, le Soleil
& la Lune paſſant en l'Æquateur, ſe diſpoſent
à l'office qui leur eſt ordonné, & à méme temps
que le Soleil joignant le premier degré d'Aries,

decline vers le pole Boreal, & ne paroiſt plus ſous l'Auſtral, la Lune prenant vne declinaiſon contraire, découure ſous le pole Antartique, ſa face pleine de lumiere, & continuant ainſi toujours, elle fait ſes oppoſitions, à méme declinaiſons auſtrales, que le Soleil decline vers le Septentrion ; & le Soleil étant au Tropique du Cancer éloigné de l'Æquateur, de 23. d. 30 ′ & du pole de 66. d. 30. ′ la Lune en l'oppoſition tout de méme, aura ſa declinaiſon meridionale de 23. d. 30 ′ & ſera proche du pole antartique de 66. d 30.′ & ſe trouuant éloignée du pole Boreal de 113. d. 30.′ le Soleil ſera auſſi éloigné du pole Auſtral, de 113. d. 30.′ Cette ſeule apparence bien conſiderée auec toutes ces circonſtances, & les merueilleuſes juſteſſes des mouuements de ces deux Aſtres, ſuffiſent pour connoitre Dieu, & adorer ſon incomprehenſible Sageſſe, & dire auec le Prophete, *Dixit inſipiens in corde ſuo: non eſt Deus*, mais auſſi elle dit bien des choſes contre l'opinion du mouuement de la terre.

Si le Soleil & la Lune ſont en la diſpoſition que montre l'apparence, lorſque l'vn eſt au tropique de Cancer & l'autre au tropique du Capricorne, diſtants de l'Æquateur, de 23. d. 30.′ chacun, en quelle ſituation ſera la terre à leur

reſpect? Sous le pole artique, le Soleil ſera éleué
ſur l'horiſon de 23. d. 30.´ & deſcrira dans 24. h.
vn cercle paralelle à l'horizon à pareille diſtance,
& vne ligne tirée diametrale à ce cercle ſera
éloignée du centre de la terre vers le pole de 23.
d 30.´ ou de l'eſpace qu'ils vallent au cercle du
Soleil, & ce ſera à ceſte diſtance de la terre que
le Soleil aura le centre de ſa circulation, & comme nous auons dit ailleurs, ſur l'Axe du Monde,
tellement que la terre n'eſt aucunement compriſe dans le cercle de la courſe du Soleil. Il en
ſera tout de méme de la Lune : car étant au
Tropique du Capricorne, éloignée de l'Æquateur de 23. d. 30.´ elle ſera autant éleuée ſur
l'horiſon, & décrira ainſi que le Soleil, vn cercle paralelle à l'horiſon, dont la diſtance & le
centre ſeront ſur l'Axe du Monde, à 23. d. 30.´
du centre de la terre, laquelle ne ſera non plus
compriſe dans le cercle de la courſe de la Lune,
que dans celuy du Soleil. Ainſi la terre ſe trouuera ſituée entre le Soleil & la Lune ſous l'Æ-
quateur, en égale diſtance de l'vn & de l'autre,
leſquels feront leurs courſes journalieres au côté de la terre, juſques à ce qu'ils ſoient proches
de l'æquinoxial, a pareille diſtance que peut
valoir vn ſemidiametre de la terre, aux cercles
du Soleil & de la Lune, ayant toujours le cen-

tre de leurs circulations ou ſpirales ſur l'Axe du
Monde, & n'étant jamais concetriques à la terre, qu'au moment de l'interſection de l'æquateur. Voila qui troublera la veuë à ceux qui
n'ont pas bien compris la conſtitution naturelle du Monde, ny la ſituation des corps ſur la
terre, ſelon l'inclination de grauité; mais s'il
plaiſt à Dieu, nous leur donnerons vn bon Co-
lyre dans noſtre Syſteme : cependant il faut faire valoir le Remede Cephalique, pour le vertige d'Ariſtarque.

Comment ſe ſauuera cette apparence du Soleil
au Tropique du Cancer, & de la Lune au Tropique du Capricorne : l'vn éleué ſur l'horiſon du
pole Boreal, à la hauteur de 23 d. 30.′ & l'autre auſſi ſur l'horiſon du pole Auſtral de pareille
hautheur, & que à méme temps ſous l'æquateur,
les deux poles ſoient en l'horiſon. Cela repugne
trop au mouuement de la terre, & ſi elle a la
charge de faire la courſe annuelle, il faut changer toute la face du Ciel, & qu'elle nous paroiſſe au ſolſtice d'Eſté, tout autrement diſpo-
ſée qu'elle n'eſt. Car ſuppoſé qu'en l'æquinoxe,
la terre ſoit en l'æquateur, dans ſon grand cercle pretendu, que le Soleil ſoit au centre de l'v-
niuers, & que la Lune oppoſée, ſoit ſans latitude & au milieu de l'ombre de la terre, & que

du cer-

du centre d'vne eſtoille qui ſoit en l'æquateur,
& ſur le zenith ou pole de l'horiſon , ſoit tirée
vne ligne perpendiculaire diametrale à la ſphere des fixes , elle paſſera par les centres de la
Lune de la terre & du Soleil , & ira rencontrer
en l'æquateur le Nadir de celuy qui ſera en l'æ-
quinoctial. Alors ſous les deux poles , le Soleil
eſt en l'horiſon , & pour faire qu'il s'éleue ſur
l'horiſon du pole Artique à la hauteur, qu'il eſt
au ſigne du Cancer , il faut que la terre marche vers le pole Antartique , & que le Soleil
demeure fixe au centre de l'vniuers , ou bien
que le Soleil marche , & que la terre ſoit immobile : ſi la terre marche , elle s'éloignera neceſſairement , de la ligne qui l'enfiloit auec le
Soleil & l'eſtoille , & ainſi elle prendra les mémes diſpoſitions auec l'eſtoille qu'auec le Soleil,
puiſque l'vn & l'autre ſont immobiles , & dans
la méme ligne. Or à celuy qui eſt maintenant
en l'æquateur , le Soleil eſt éloigné de ſon zenith, de 23. d. 30.′ Il faut donc que l'eſtoille ſoit
à pareille diſtance, puiſqu'en l'Æquinoxe , elle
paſſoit ſur le Zenith de méme que le Soleil , étant
impoſſible que la terre s'éloigne de l'vn , ſans
changer de diſpoſition auec l'autre. Si cela arriue neceſſairement à celuy qui ſeroit ſous l'Æquateur, il en feroit de méme à Paris , & les eſtoil-

les qui en l'Æquinoxe de Mars étoient en méme
diſtance de noſtre Zenith que le Soleil, ſeroient
au ſolſtice d'Eſté approchées de nôtre vertical de
23. d. 30.′ Mais, celuy qui ſeroit ſous le pole Sep-
tentrional, quoy que le Soleil s'éleuaſt ſur l'horizon, il ne s'approcheroit pas pour cela du pole,
car étant immobile, il en ſeroit toujours diſtant à
90. d. Il n'en ſeroit pas de méme à la Lune, ſi elle
fait ſa courſe autour de la terre, parce que ſi la
terre auoit decliné 13. d. 30.′ vers le pole auſtral,
la Lune auroit pris la méme declinaiſon que la
terre, & pour paroiſtre ſous le pole, à l'eleuation de 23. d. 30.′ comme nous auons prouué
qu'elle fait, il faudroit qu'elle euſt decliné de la
terre vers le pole, autant que la terre de l'æquateur: & ainſi puiſque le cercle qu'elle décrit, eſt
paralele à l'horizon, le centre de ce cercle ſeroit
éloigné du centre de la terre de 23. d 30.′ & par
conſequent la Lune ſeroit diſtante de l'æquateur
de 47. d & du pole boreal de 137. d. Combien
cela eſt eſloigné de l'apparence, l'experience le
montre: car la Lune oppoſée au Soleil au tropique du Capricorne, eſt éloignée de l'æquateur
de 13. d. 30.′ du Soleil 47. & du pole 113. d. & ſi
le Soleil & le pole étoient en méme temps vi-
ſibles, nous ferions l'experience ſur luy méme,
qu'il eſt diſtant du pole de 66. d. 30.′ lors qu'il

eſt au Solſtice eſtiual. Ce qui ne ſe pourroit faire, s'il n'auoit le mouuement annuel, & ſa diſtance de 90. d. au pole, ſeroit inuariable, puiſque ces apparences ſeroient neceſſaires, ſi la terre auoit mouuement, & que celles qui paroiſſent veritablement, ſont tout à fait contraires: il faut donc conclurre, que la terre eſt immobile & que ſi elle a eu du mouuement, c'eſt dans la teſte d'Ariſtarque & de Copernicus, le premier ſurpris des paroles de Pythagore, & l'autre par la vanité de pouuoir ſoûtenir cét étrange paradoxe. Mais ſi l'Aſtronomie Inferieure auoit eté cauſe des erreurs de la Superieure, la voila maintenant déchargée de reproche, par la declaration de ſes intentions cachées ſous ces feintes, & par les preuues de l'Aſtronomie Naturele, ſur le veritable Siſtéme du monde contenuës en ce petit Eſſay, par lequel il ſe voit que l'Aſtronomie Superieure a autant beſoin de correction, que la vulgaire Chymie, de lumiere, pour découurir les myſteres que l'Aſtronomie Inferieure cache.

FI N.